大型集群工程项目合同管理研究与实践运作

佘立中　著

中国建筑工业出版社

图书在版编目(CIP)数据

大型集群工程项目合同管理研究与实践运作/佘立中著.
—北京:中国建筑工业出版社,2005
ISBN 7-112-07555-6

Ⅰ.大… Ⅱ.佘… Ⅲ.建筑工程—项目管理
Ⅳ.TU71

中国版本图书馆CIP数据核字(2005)第088526号

大型集群工程项目合同管理研究与实践运作

佘立中 著

*

中国建筑工业出版社出版、发行(北京西郊百万庄)
新 华 书 店 经 销
广东省肇庆市科建印刷有限公司印刷

*

开本:850×1168毫米 1/32 印张:7 字数:188千字
2006年12月第一版 2006年12月第一次印刷
印数:1—3000册 定价:**18.00**元
ISBN 7-112-07555-6
(13509)

如有印装质量问题,可寄本社退换
(邮政编码 100037)

本社网址:http://www.cabp.com.cn
网上书店:http://www.china-building.com.cn

本书以大型集群工程项目为研究对象，就施工合同及其管理作了系统的论述。全书共分为3篇11章。主要内容是：第1篇合同的订立。包括大型集群工程项目合同管理概述；工程项目投标；合同的订立。第2篇合同的履行。包括项目进度；项目质量；项目成本；安全文明施工。第3篇合同的控制。包括工程变更；违约、索赔和争议；工程竣工与验收以及其他。全书概括了工程合同管理的一般规定、控制措施和实践运作，突出了对大型集群工程项目合同管理的探索和创新，每一部分均由理论、规定和实操部分组成。

本书可供工程建设管理和技术人员使用参考，还可以作为大专院校建筑类、土建类尤其是工程管理类的本科生、研究生《工程合同管理》课程的教材和参考书。

*　　*　　*

责任编辑　常　燕　欧晓娟

前　言

近年来，国内的工程建设出现了较多的大型集群工程项目，如广州大学城工程项目、广州城市新社区项目、广州新白云国际机场项目、上海世博会工程项目、北京奥运会工程项目等。所谓大型集群工程项目是由若干功能不一、结构各异的工程建设项目所组成的，一般具有工程量大、投资多，技术复杂，时间紧迫，质量要求高等特点。大型集群工程项目由于其复杂性、庞大性以及重要性，对所有参加建设的组织和管理者都提出了更高的技术要求和管理要求，尤其是在合同管理方面是当前急迫需要解决的问题。

本书以大型集群工程项目为研究对象，就施工合同及其管理作了系统的论述。全书共分为3篇11章。主要内容是：第一篇合同的订立。包括大型集群工程项目合同管理概述；大型集群工程施工项目投标；大型集群工程项目合同订立。第二篇合同的履行。包括进度控制；质量控制；成本控制；安全文明施工。第三篇合同的控制。包括工程变更；违约、索赔和争议；工程竣工与验收以及其他。全书概括了工程合同管理的一般规定、控制措施和实践运作，突出了对大型集群工程项目合同管理的探索和创新，每一部分均由理论、规定和实操三部分组成。

为了使读者，尤其是在校学生更好地理解和掌握工程合同管理的内容，本书参考和借鉴了不少专家、学者的著作和实际工程的资料，汲取了他们的研究成果和经验，同时，得到一些同行有益的意见和建议，在此一并致以深深的敬意和谢意！工程合同管理是一项复杂的系统工程，由于时间仓促，书中疏漏、错误在所难免，欢迎读者批评指正。

目　录

第 1 篇　合同的订立

工程项目施工合同管理的整个工作过程可概括为签订合同、履行合同和合同控制三个阶段,这三个阶段紧密联系,不可分割,签订合同是履行合同、控制合同的基础,而控制合同、履行合同又是签订合同的继续,缺一不可。合同签订是否合理,直接影响到建设工程项目实施的成败和经济效益,签订一个无利可图的或权利义务失衡的施工合同,合同是很难履行的,也可能无法控制,经济效益也很难实现;反之合同条款订得再好,如果在履行合同过程中管理不当,不能正确而有效地执行合同,也不会取得成功。因此施工合同管理工作贯穿于整个工程项目施工的始终。

施工合同签订阶段的合同管理的目标和任务,一是提出一个有竞争力的报价,作为形成合同价格的基础。报价是能否取得工程承包资格及获得施工合同的关键,承包商应仔细研究和分析招标文件,全面地调查工程项目环境,制订施工规划,根据国家或地方的定额、标准、各种取费标准和市场情况,并结合承包商自身情况,提出一个合理而又具有竞争力的报价,以便在竞争激烈的建筑市场上赢得合同,并取得合理的盈利。二是签订一个公平、合理和有利的施工合同。合同决定着承包工程的盈亏成败;承包商应通过对合同文件的全面分析和谈判谋求合理的价格,以及风险小、双方权利义务关系比较公平的合同条件。

1 大型集群工程项目合同管理概述

1.1 项目管理模式

工程建设合同管理不仅需要具备系统的合同法律知识,而且需要熟悉工程建设领域生产经营、交易活动和经济管理的基本特点及基础业务知识,因此,通常需要由专业合同管理人员或委托工程建设咨询机构来承担。工程项目管理人员也必须学习和掌握合同法律基本知识，学会应用法律和合同手段，指导项目管理工作，正确处理好相关的合同关系。

大型集群工程项目是一项建设规模大、工期紧、综合复杂界面多、技术难度大、质量要求高、管理与协调量大面广的系统工程。如果采取以往大型工程项目建设采用的政府包揽一切的“大指挥部”的管理体制，势必造成管理机构庞大，工作效率低下，难以按时完成这一特大型建设项目。而采用“小业主、大监理、专业化、社会化”的管理理念，建立项目管理的监理总协调人制度，可以取得很好的管理效果。

1.1.1 监理总协调人制度的基本模式

根据大型集群工程项目的构成情况(图 1–1)，项目管理可以采用监理总协调人制度(图 1–2)，项目管理部门通过社会公开招标方式择优选定建设工程项目施工监理和监理总协调单位。监理总协调单位的主要职责是对大型集群工程项目的管理与决策的咨询，对监理单位进行管理与协调，协助发包人的事务性与技术性工作，代表发包人进行项目现场管理策划，组织实施和监督抽查。监理总协调单位接受发包人的委托及授权，根据国家有关法规、《建设工程监理规范》、有关文件和监理合同等，并应当遵纪、守法、诚信、公开地从事管理活动，确保项目建设有序进行，实现项目建设的预定目标。在这一制度中，监理协调总监和施工监理总监、专业总监的关系是管理者与被管理者的关系，监理总协调总监按照业主授权的范围，代表业主对施工监理总监、专业总监进行统筹管理。施工监理总监与专业总监(市政、材料、测量、园林绿化)的关系是平等协商关系。如双方在工作协作上不一致时，由监理总协调总监负责协调，并下达协调指令，双方应自觉执行。施工监理总监、专业总监与相对应的施工单位的关系是监理与被监理的关系。施工监理总监、专业总监按国家《建设工程监理规范》、监理合同、施工合同的规定对施工单位进行监理，所发布的监理指令由施工方执行。

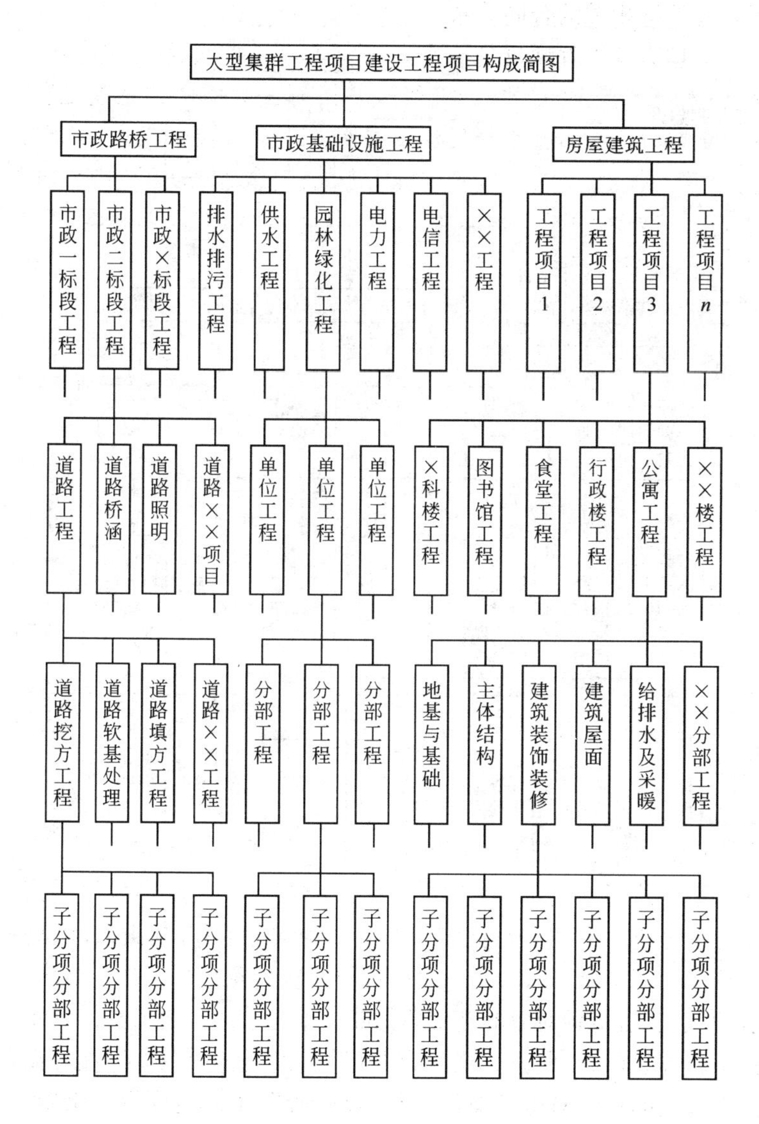

图 1－1　大型集群工程项目建设工程项目构成简图

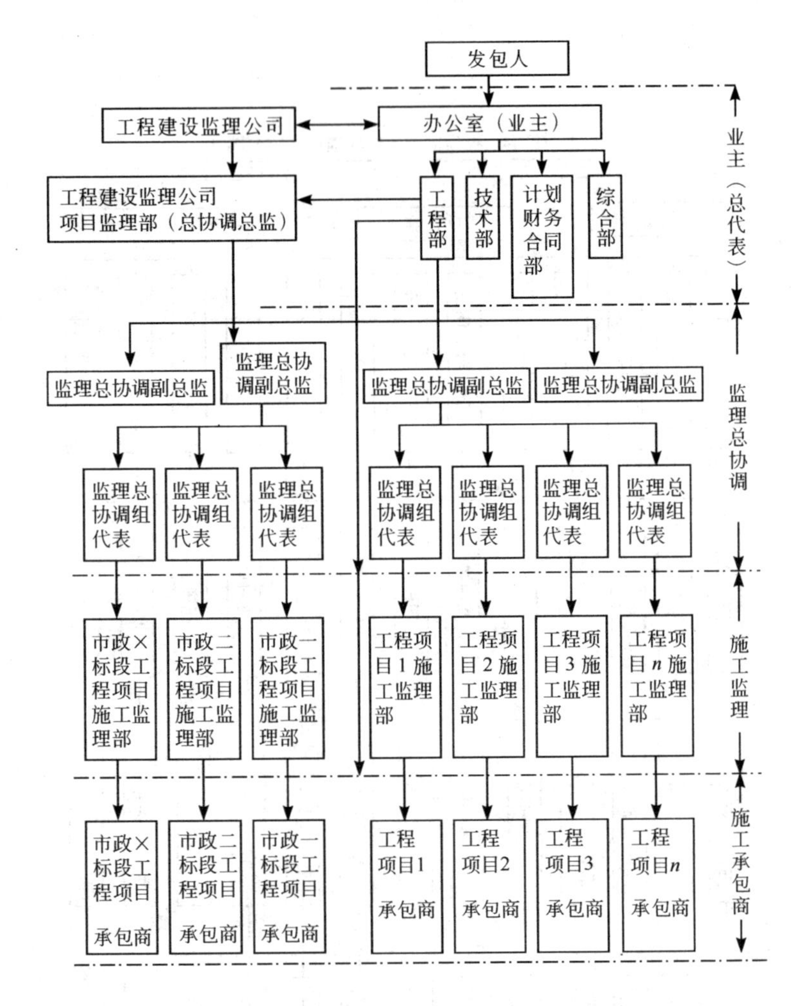

图 1－2　大型集群工程项目监理总协调人制度组织模式

1.1.2　监理总协调的任务及主要职责

(1) 项目管理与决策咨询：编制项目管理总体实施规划；编制工程总体工期网络计划、工程质量、投资控制措施；参与编制项目管理的各项制度、规定办法、细则；对设计修改建议提出意见；组织审查重要项目实施方案、重大技术措施；对项目管理的组织方式、组织架构提出意见、督促落实；检查落实项目计划实施、监理单位各个项目计划；参与咨询编制工程招标策划；参与咨询编制设备的选型采购；组织工程验收、移交等。

(2) 监理单位的管理、协调：编制、实施监理机构管理办法；对监理单位"三控、两管、一协调"工作进行检查、督促、汇报、提出处理意见；组织并主持监理单位的总协调会议；审批监理单位的监理规划；审批监理单位的监理细则；检查监理单位的合同管理并提出处理意见；按授权范围审批或上报监理单位的工作文件；组织监理单位的考核；查处失职和违规行为或奖励表彰；审定、处理工程监理报告；审核监理单位的各种支付申请；编写监理总协调工作报告（日、周、月等）、总结。

(3) 业务性技术性工作：组织、协调施工场地的移交；参与设计交底和施工图纸会审；审核施工组织设计或方案；审核、监控材料设备的质量监测方案并提出意见；组织与实施监理单位对施工质量的控制；组织主持质量问题的专题会议；汇编、审核、下达统计报表和月、季施工进度计划；复核、汇总工程计量、工程款支付申请并建立台账；指挥中心的值班及日常问题的处理和重大问题上报。

(4) 现场管理策划、组织实施和监督检查：实施现场施工总平面布置管理与控制；组织、主持不同施工标段的工作界面技术交底和现场处理；主持、协调、督办不同标段间施工矛盾的协调处理；审批、督办施工组织设计实施；汇编统一各种文档报表的格式；复核现场工作签证；组织实施、检查、督促、汇报施工现场管理；组织实施、检查、督促、汇报安全生产与文明施工管理；组织实施、检查、督促、汇报施工进度并提出处理意见；组织实施、检查、督促、汇报施工质量并提出处理意见；实施有关规定赋予的监理总协调单位职责；实施指挥办授权交办的其他工作。

1.1.3 "监理总协调人"制度的分析

有力的、高质量、高水平的项目管理是项目取得成功的重要前提之一，监理总协调人项目管理模式在构思和策划之初系统研究了国际上工程项目管理的发展，从传统的项目管理（Project Management)到全过程管理(Program Management),组合管理(Portfolio Management),变化管理(Change Management),全寿命管理(Lifecycle Management),以及项目管理信息系统(PMIS——Project Management Information System)等进行了全面的分析。作为有系统理论体系和方法的现代管理的产生虽然只有几十年时间,但近些年的发展非常迅猛。这些系统的管理经验和方法为实行项目管理的"监理总协调人"制度奠定了理论基础。

(1) 在大型集群工程建设项目的管理体制上,不论是建设项目法人责任制、传统的建设工程项目总承包模式,还是国际上的一些管理模式如 CM 模式(Construction Management Approach)、管理承包(Management Contracting)方式等,由于各种因素的制约,均不可能采用其中的某个单一模式。"监理总协调人"管理模式是根据大型集群工程项目的建设特点,借鉴国际工程项目管理 CM 模式以及管理承包方式的基础上的一种全新管理模式的尝试,这一管理模式能够使大型集群工程项目建设实现"超常规、超负荷、超强度、超极限"。这一管理体制的优势在于:充分利用社会资源,把能交给社会做的事交给社会办。如果按过去大型工程建设常采用的由政府包揽一切的"大指挥部"管理体制,大型集群工程至少要组建一个由十多个部门好几百人的指挥部。由于采用了"监理总协调人"等制度,发包人的组织机构和人员编制得到优化。由此可见,大型集群工程项目管理采用"监理总协调人"管理模式的做法,可以保证建设项目高效、优质的完成。

(2) 研究系统的组织结构模式和组织分工,以及工作流程组织,是与项目管理学相关的一门非常重要的基础理论学科——组织论的研究对象。系统的目标决定了系统的组织,而组织是目标能否实现的决定性因素,这是组织论的一个重要结论。如果把一个建设工程的项目管理视作为一个系统,其目标决定了项目管理的组织,由此可见项目管理组织的重要性。大型集群工程项目管理的组织设置应能完成项目所有工作和任务,即通过项目结构分解得到的所有工程,都应无一遗漏地落实完成责任者。所以项目系统结构对项目的组织结构有很大的影响，它决定了项目组织工作的基本分工，决定组织结构的基本形态(图1-1、图1-2)。同时项目组织又应追求结构最简和最少组成，增加不必要的机构，不仅会增加项目管理费用，而且常常会降低组织运行效率，会达不到项目管理的目标。因此在大型集群工程项目建设项目管理中需要专门聘请一家资质高、信誉好、能力强的施工监理单位，负责管理来自全国各地多达几十家监理单位近千名常驻工地的监理人员，协助业主进行项目协调、决策咨询、项目建设日常技术性、事务性管理，这一制度可以解决发包人工作“人员少、任务重”的问题，从而保证建设项目各项目标的实现。

(3) 按照英国建造学会《项目管理实施规则》定义，项目管理为一个建设项目进行从概念到完成的全方位的计划、控制与协调，以满足委托人的要求，使项目得以在所要求的质量标准的基础上，在规定的时间内，在批准的费用预算内完成。由于大型集群工程项目具有项目规模大，范围广，投资大；技术新，速度快，质量高；项目由许多专业组成，有上百个单位共同合作，由成千上万个在时间和空间上相互影响、制约的活动构成；项目实施时间上经历由构思、决策、设计、计划、采购供应、施工、验收到运行全过程；项目受多目标限制，如资金限制、时间限制、资源限制、环境限制等特征。因此采取传统的业主—监理—承包商的模式显然不能满足项目建设的要求。大型集群工程建设项目实行“小业主、大监理”的管理模式，业主对监理充分授权，由监理单位对工程上千个工地实施24小时监控，负责进行施工项目的质量、进度和投资的三大控制，合同和信息的管理以及施工的协调工作，从而达到对项目建设全过程的组织、计划、协调、控制。

(4) 大型集群工程项目管理组织内的组织关系有多种形式。最主要有：一是专业和行政方面的关系。由于监理总协调人制度分解了发包人在项目专业及技术性工作方面的权力，实现了决策权、执行权、监督权三者相互有效制衡，这一制度不仅体现了工程建设项目的社会化、专业化管理，也有效地防范工程建设中的腐败问题，为整个工程实现阳光运作、高效廉洁提供了体制保障。二是项目责任/职责关系。这种关系以合同作为纽带，合同的签订和解除表示项目组织关系的建立和脱离，如工程项目实施中，业主与各承包商之间的关系，主要由合同确定。签订了合同，则该承包商为项目组织成员之一，未签订合同，则不作为项目组织成员。承包方的项目任务、工作范围、责任、享有的权力、应有的经济利益、行为准则均由合同规定。所以，合同不仅确定项目参加者的经济关系，而且确定他们的项目组织关系。除了合同关系之外，项目参加者在项目实施前通常还订立该项目的业务工作条例，使各项目参加者在项目实施过程中能更好地协调、沟通，使项目管理者能更有效地控制项目。

工程项目历史悠久，相应的项目管理工作也源远流长，现代项目管理理论是在现代科学技术知识，特别是信息论、系统论、控制论、计算机技术和运筹学等基础上产生和发展起来的，并在现代工程项目的实践中取得验证。“监理总协调人”管理模式的建立，不仅在大型集群工程建设项目的系统管理方面有创新和探索，使项目管理实现了市场化、社会化、专业化的管理；而且为项目合同管理的有效实施奠定了基础。

1.2 项目合同的一般规定

大型集群工程项目中的“项目”概念是指工程项目，大型集群工程项目是由若干功能不一、结构各异的工程建设项目所组成的。

其中，“集群”的概念来源于计算机及信息技术（如计算机集群），从系统科学的角度出发，该概念具有如下特征：①集群首先是系统，有时甚至是一个复杂系统；②集群的功能特征十分显著，功能特征也是大多数集群形成的诱因；③构成集群的核心要素可能是由若干性质相同或相近的元素组成；④构成集群的要素和元素包括硬件和软件以及硬件软件的复合体，要素间的联系主要是信息流。

大型集群工程项目由于其复杂性、庞大性以及重要性,对所有参加建设的组织都提出了更高的技术要求和管理要求。其施工合同的特征表现在:①标的具有特殊性。大型集群建设工程项目具有工程量大、投资多,技术复杂,时间紧迫,质量要求高等特点。这些特点必然要在施工合同中反映出来。②合同的条款多。大型集群建设工程在施工过程中需要投入大量的人力、物力、财力,因此,决定了施工合同条款必须具体明确和完整。③施工合同综合性强。大型集群建设工程施工过程中联系面广,涉及面多,影响施工的因素较多,这些都必须在施工合同中综合考虑。

1.2.1 《建设工程施工合同(示范文本)》简介

在市场经济体制的逐步发展中,人们的法制观念与合同意识不断加强。尤其是在建设工程施工承发包工作中,一个全面、完善、科学、合理的合同文本,对于保证工程的质量、工期和效益,对于提高企业的管理水平,保证合同的履行,具有非常重要的作用。

为了规范施工合同当事人双方的行为,完善经济合同制度,解决施工合同中长期存在的合同文本不规范、条款不完备、合同纠纷多等问题,国家建设部、国家工商行政管理局根据有关工程建设施工的法律、法规,结合我国工程建设施工的实际情况,并借鉴了国际上广泛使用的土木工程施工合同(特别是 FIDIC 土木工程施工合同条件),制定了《建设工程施工合同(示范文本)》,这是包括各类公用建筑、民用住宅、工业厂房、交通设施及线路管理的施工和设备安装的样本。

《建设工程施工合同(示范文本)》由"协议书"、"通用条款"、"专用条款"三部分组成,并附有三个附件。

(1) 协议书

"协议书"是《建设工程施工合同(示范文本)》中总纲性的文件,是发包人与承包人依照《中华人民共和国合同法》、《中华人民共和国建筑法》及其他有关法律、行政法规,遵循平等、自愿、公平和诚实信用的原则,就建设工程施工中最基本、最重要的事项协商一致而订立的合同。虽然其文字量并不大,但它规定了合同当事人双方最主要的权利、义务，规定了组成合同的文件及合同当事人对履行合同义务的承诺，并且合同当事人在这份文件上签字盖章，因此具有很高的法律效力。

(2) 通用条款

“通用条款”是根据《合同法》、《建筑法》、《建设工程施工合同管理办法》等法律、法规对承发包双方的权利、义务作出的规定，除双方协商一致对其中的某些条款作了修改、补充或取消，双方都必须履行。它是将建设工程施工合同中共性的一些内容抽象出来编写的一份完整的合同文件。“通用条款”具有很强的通用性，基本适用于各类建设工程；“通用条款”共由 11 部分 47 条组成。

(3) 专用条款

考虑到建设工程的内容各不相同，工期、造价也随之变动，承包人、发包人各自的能力以及施工现场的环境和条件也各不相同，“通用条款”不能完全适用于各个具体工程，因此配之以“专用条款”对其作必要的修改和补充，使“通用条款”和“专用条款”成为双方统一意愿的体现。“专用条款”的条款号与“通用条款”相一致，但主要是空格，由当事人根据工程的具体情况予以明确或者对“通用条款”进行修改、补充。

(4) 附件

《建设工程施工合同(示范文本)》的附件则是对施工合同当事人的权利、义务的进一步明确，并且使得施工合同当事人的有关工作一目了然，便于执行和管理。附有三个附件：附件一是“承包人承揽工程项目一览表”；附件二是“发包人供应材料设备一览表”；附件三是“工程质量保修书”。

1.2.2 合同协议书

“协议书”主要包括以下十个方面的内容：

(1) 工程概况。主要包括：工程名称、工程地点、工程内容、工程立项批准文号、资金来源等，群体工程应附上承包人承揽工程项目一览表。

对于大型集群工程项目，工程内容必须明确。尽管每个大型集群工程项目的内容不尽相同，但一般而言其工程内容包括施工标段的全部建筑、机电安装、装修装饰（精装修除外）及标段内的道路及室外附属工程等项目，包括施工项目和承包施工配合项目。在这里承包施工配合项目即由分包单位负责施工的工程，承包人负责对其实施承包施工配合的项目，包括但不限于：消防工程、电梯安装、弱电工程、玻璃幕墙、煤气、轻钢结构（网架）、精装修、空调、电信、交通标志、交通标线、交通设施、高低压配电系统、园林绿化工程等工程。

(2) 工程承包范围和方式。

承包范围：按发包人确认的施工图纸、图纸会审记录和有关变更文件、资料、招标文件、承包人投标文件以及双方签订的有关协议所包含的内容。

承包方式：建筑、一般装修装饰、标段内的区内道路及室外附属工程为综合单价及综合合价包干承包；室内机电安装工程为除安装工程主材价格及发包人供货与安装招标项目以外的安装费用总价包干承包。采用包工、包料、包工期、包质量、包安全生产、包文明施工、包验收、包联合调试、包综合治理的方式，按合同中的综合单价、综合合价等项目承包工程。分包工程按照合同专用条款的约定执行，但任何形式的分包必须取得发包人的书面同意。

(3) 合同工期。包括：开工日期、竣工日期、合同工期总日历天数。由于大型集群工程项目的竣工日期为硬性工期，应要求承包人必须采取一切有效措施保证按期完成，并明确相关责任。

(4) 质量标准。对于大型集群工程项目，工程质量要求高，一般性的建筑物须达到地市优良样板标准，主要标志性建筑物须达到省优良样板工程，同时争取鲁班奖。

(5) 合同价款。国内合同一般以人民币为报价和结算货币，除非发包人承包人双方另有约定。分别用大、小写表示。如在项目中，应分别列出包括施工标段的全部建筑、机电安装、装修装饰（精装修除外）及标段内的道路及室外附属工程等项目的相应价款。

(6) 组成合同的文件。组成本合同的文件包括：

① 本合同协议书；

② 中标通知书；

③ 投标书及其附件；

④ 本合同专用条款；

⑤ 本合同通用条款；

⑥ 标准、规范及有关技术文件；

⑦ 图纸；

⑧ 工程量清单；

⑨ 工程报价单或预算书。

双方有关工程的洽商、变更等书面协议或文件视为本合同的组成部分。此外，发包人针对本工程项目建设管理的各项制度、规定；招标文件（含补遗书、招标文件澄清、答疑会纪要等）也可以是合同的组成部分并应约定解释次序。

(7) 本协议书中有关词语含义与合同示范文本“通用条款”中分别赋予它们的定义相同。本合同通用条款约定的内容与专用条款约定的内容相冲突时，以专用条款所约定的内容为准。本合同通用条款和专用条款约定的内容与双方共同签署的本合同补充与修正文件所约定的内容相冲突时，以双方共同签署的本合同补充与修正文件所约定的内容为准。

(8) 承包人向发包人承诺按照合同约定进行施工、竣工并在质量保修期内承担工程质量保修责任。

(9) 发包人向承包人承诺按照合同约定的期限和方式支付合同价款及其他应当支付的款项。

(10) 合同生效。包括：合同订立时间（年、月、日），合同订立地点，本合同双方约定生效的时间。

1.3 大型集群工程项目合同双方的权利和义务

在大型集群工程项目的建设中,合同双方除了遵守施工合同示范文本通用条款规定的一般权利义务外,还涉及到以下内容应当作出补充:

1.3.1 发包人工作

(1) 发包人应按约定的时间和要求完成以下工作:

① 施工场地具备施工条件的要求及完成的时间:发包人负责在开工前完成施工场地的征地拆迁工作,具备按设计要求进行场地平整施工的条件。

② 将施工所需的水、电、电讯线路接至施工场地的时间、地点和供应要求:发包人负责开工前将施工所需的水、电接至施工现场边缘,并提供水、电驳接点。

③ 施工场地与公共道路的通道开通时间和要求:发包人已开通。

④ 工程地质和地下管线资料的提供时间:开工前提供。

⑤ 由发包人办理的施工所需证件、批件的名称和完成时间:发包人负责办理本工程投资许可证、建设用地规划许可证、建设工程规划许可证、报建审核书、建设用地通知书。

⑥ 水准点与坐标控制点交验要求:发包人负责在施工现场将已施测的水准点高程与平面控制点坐标以书面形式提供给承包人,由承包人做好交验记录。

⑦ 图纸会审和设计交底时间:承包人接到施工图纸 3 天内进行。

⑧ 协调施工场地周围地下管线和邻近建筑物、构筑物(含文物保护建筑)、古树名木的保护工作:按《合同通用条款》执行。

(2) 发包人委托承包人应办理的工作:办理施工许可证和工

程质量安全监督报监手续。

(3) 根据招标文件及承包人的承诺,发包人保留下列的权利:

① 对本工程使用之主要材料品质及工程质量确认审查的权利。

② 有权根据工程实际需要增加或减少部分工程,并保留对工程量报价清单中暂定材料价格的主要材料进行依法招标的权利,承包人不得拒绝或要求调整单价及收费。

1.3.2 承包人工作

(1) 承包人应按约定时间和要求,完成以下工作:

① 承包人须于每月向总监理工程师提供如下计划、报表,经监理单位审核后,报发包人批准后实施:

A. 当月应完成的工程进度和实际完成进度(包括自行施工及分包工程项目)统计报表(说明提前或拖延原因);

B. 当月完成的工程量(包括自行施工及分包工程项目)申报,要求分细项申报,并有完成金额;

C. 当月计划使用和实际使用的甲招乙供大宗材料数量统计报表;

D. 下月资金使用计划;

E. 下月施工进度计划;

F. 下月甲招乙供材料使用计划;

G. 当月工程质量、安全生产、文明施工情况报告;

H. 如果发生工程事故,承包人负责向发包人提供工程事故报告。

以上所述的计划、报表的具体格式,先由承包人提出格式建议,经监理单位和发包人调整后按统一格式执行。

② 根据工程需要,承包人提供和维修白天或夜间施工使用的照明、围栏设施,并负责安全保卫。若承包人未履行上述义务造成工程、财产、人身损害等,由承包人承担责任及因此所发生的一切费用。承包人作为总包单位负责所负责标段的施工平面、工地门卫管理,承担总包单位应负责的一切安全保卫义务,要求符合建设

项目施工总承包管理办法及当地建设工程文明施工管理方法的规定。

③ 承包人向监理人员、现场设计代表提供现场办公和生活用房、设施,以及配套水电。由此发生的费用由承包人从投标报价中的监理工程师驻地建设服务费中列支。见表1-1。

监理工程师及现场设计代表驻地建设设施明细　　表1-1

序号	项目名称	单位	数量	标准	备　注
1	办公室	m^2			按每个施工标段30人综合进行考虑
2	宿舍	m^2			
3	会议室	m^2			
4	办公桌(带椅)	张			
5	文件柜	个			
6	铁架床	张			
7	有线电话	部			
8	空调	部			
9	其他相关服务设施	宗			
	小计:				

④ 需承包人办理的有关场地交通、环卫和施工噪声管理等手续:按工程所在地政府的规定办理并承担由此发生的费用,并在开工后以书面形式知会发包人。

⑤ 已完工程成品保护的特殊要求及费用承担:未交付发包人使用前,对自行施工的已完工工程的保护工作及费用均由承包人负责,发生损坏由承包人自费修复;交付发包人使用后按《房屋建筑工程质量保修书》有关规定执行。对分包工程的已完工程成品保护工作,承包人负有总包管理义务,按《施工总承包管理办法》执

行。

⑥ 承包人应对施工场地及周围的地下管线、建筑物、构筑物（含文物保护建筑）、古树名木之状况进行勘察，根据勘察结果确定具体的保护措施并承担有关费用。若发现正常施工措施及现有条件已不能达到保护目的，承包人应及时报告，经总监理工程师、发包人批准采取特殊保护处理的，发包人承担不包含在招投标内容中的额外保护费用。承包人应对所采取的保护措施进行监测，并应根据监测结果及时反馈信息指导施工，以确保上列受保护物件及作业人员、居民的安全。因承包人原因，受保护物件发生损坏的，由承包人承担责任并负责赔偿。

⑦ 施工场地清洁卫生的要求：承包人须按发包人批准的施工组织设计进行施工现场布置、放置材料机械及其他设施，及时将施工垃圾、余泥运出场外，达到文明施工样板工地标准，保证施工场地清洁符合环境卫生管理的有关规定。对分包工程的施工场地清洁卫生工作，承包人负有总包管理义务，按《施工总承包管理办法》执行。交工前清理现场要求：工程竣工验收后，承包人应对建筑物进行清洁并对施工场地进行清理。建筑物的清洁应达到：按建设项目《施工现场管理办法》；施工场地的清理应达到：按建设项目《施工现场管理办法》。

(2) 承包人应做的其他工作：

① 保证执行投标文件所承诺的施工组织设计中的资源投入计划，将工程施工所需的机械设备、人员、材料等资源，根据工程进度计划按时、按标准足额投入。

工程（含分部、分项工程）开工前，承包人必须在施工组织设计中编制资源投入计划，报总监理工程师和发包人批准后实施。特别是施工所需的机械设备（包括自有和租赁），应与投标文件填报的品牌、数量、质量、规格、性能、发动机号相符且具备正常施工功能，并配有明显的承包人单位标志，且为合法使用设备（如年检证、使用证等），便于发包人检查承包人施工设备投入情况。

施工过程中，承包人因特殊原因需变更资源投入计划或者对已投入的资源进行调整的，应当按约定时间提前提出申请，报总监理工程师和发包人批准。允许机械、设备调整的原则为：所调整机械、设备，规格、标准只能比原计划提高，不能降低；数量上原则不允许减少，如确因更换先进设备提高了工效，可考虑在总工作能力不降低的前提下同意调整。未经发包人许可，承包人开工后已进场的机械设备在任何情况下都不得在计划使用期间撤出现场。若施工机械、设备在施工过程中发生损坏的情况，承包人必须及时修复或更换。

因设计变更、施工现场情况变化造成工程内容、工程量变化，须调整机械、设备的规格、数量的，承包人须在变更或变化确定后，提出完整的更新施工方案和资源投入计划，报总监理工程师和发包人批准后实施。

承包人擅自变更资源投入计划或者对已投入的资源进行调整的，参照有关规定的违约责任承担方式处理。

② 严格遵守国家、省、市有关防火、爆破和施工安全以及文明施工、夜间施工、环卫和城管等规定，建立规章制度和防护措施，并承担由于自身措施不力造成事故责任和发生的费用。

③ 对施工图、技术资料认真地复核和检查，有预见性的发现和指正设计缺陷和错误，应提出能实质性地节约资金和缩短工期的建议和措施。

④ 工人的意外事故或伤害。对于承包人或其分包人所雇用的工人出现的伤亡事故或损失，应由承包人自行负责(但由于发包人或监理单位的行为失误所造成的除外)。发包人不负担涉及这类伤亡或损失的索赔、诉讼、损害赔偿及其他费用。对分包单位出现的工人意外事故或伤害，由于分包单位原因造成的，承包人同样需承担连带责任。

⑤ 干扰与协调

A. 承包人应当清楚地预计到施工期间对外界可能产生的必需的不可能避免的干扰，并为此保证主动努力减少这些干扰对外界的影响，且应当积极主动与外界进行协调。

B. 除必须发包人出面的情况外，承包人应负责协调施工期间外界的各种干扰。

C. 发包人将在承包人的配合下，充分运用自己对各方面的影响力，尽可能地将外界对工程的干扰减少到最少程度。这种协调并不解除承包人的各项责任与义务。

D. 承包人应做好负责标段内对各分包单位的管理协调工作，由于承包人管理不力或未能预见可能出现的问题，而导致分包工程未能按合同约定施工的，承包人应承担连带责任。

(3) 根据工程需要，承包人应采用计算机信息管理技术建立相应的信息技术网络，以便与发包人、各有关单位进行数据交换，提高工作效率。承包人应负责将网络终端接至发包人、监理单位。上述所发生的费用，由承包人承担。

(4) 承包人应在合同签订的同时，与发包人签订工程建设项目廉政责任书。

(5) 承包人项目管理机构中各级管理人员和所使用的机械设备的标准与数量不得低于其投标文件的标准与数量，否则，视为违约，并按有关违约的相应条款处罚。

1.3.3 工程师及发包人代表

(1) 监理单位：发包人委托建设监理单位对工程实施全过程施工监理。监理单位依据国家对工程监理的有关规定及与发包人所签订的《施工监理合同》的约定，向工程施工场地派驻监理机构，履行自己的职责。发包人应将本项目标段内的《施工监理合同》约定的监理内容、监理权限以书面形式通知承包人。

(2) 总监理工程师：总监理工程师是监理单位派驻工程施工场地的监理机构的负责人。总监理工程师依据《施工监理合同》约定的监理权限对承包人在施工质量、建设工期和建设资金使用等方面实施监管。总监理工程师行使《施工监理合同》约定的监理职权不必事前征得发包人的批准，但下列情况须经监理单位盖章，并必须取得发包人的批准：

① 同意本工程任何部分的分包合同；

② 工程款、材料款以及其他费用的支付；

③ 施工进度更改或对工程延期的决定；

④ 发布工程变更、设计变更指令及签发现场签证；

⑤ 确定新增工程或设计变更工程的单价、费率、价格；

⑥ 承包人提出合理化建议，采用新工艺、新材料、新技术，批准重大设计变更，这些变更将改变原设计的基本功能或工期或投资等。

(3) 发包人代表：发包人派驻施工场地履行合同的代表在合同中称作发包人代表。

发包人、监理单位、承包人的工作往来程序：除发包人另有明确之外，原则上发包人、承包人双方的工作往来均先经过监理单位，由监理单位签署意见后报发包人或者送承包人。

(4) 工程师的委派和指令

① 工程师代表：总监理工程师可依照《合同通用条款》的约定可委派或者撤回委派副总监理工程师，但这种委派和撤回必须事先得到发包人的同意。受委派的副总监理工程师必须是本工程监理机构的监理人员，且具有适当的监理资质。

② 工程师的指令：因总监理工程师或者副总监理工程师的指令错误而延误工期的，工期顺延情形只适用于一般节点工期。

1.3.4 承包人现场管理机构

(1) 承包人必须按照投标文件中所作出的承诺，建立以指挥长及项目经理为首的现场管理机构，并执行《建设工程项目管理规范》(GB/T 50326—2006)。指挥长、项目经理及现场管理机构主要部门负责人在开工前必须全部到位，并接受总监理工程师和发包人代表的查验。未全部到位的，承包人按照约定承担违约责任。

(2) 承包人所投入的工程管理人员和工程技术人员应与投标文件保持一致，发包人不要求更换时不得更换。因特殊情况需要更换的，承包人应按约定时间提前以书面形式向监理单位提出意向(附前任和后任人员的详细履历资料)，经总监理工程师签署意见后向发包人提出申请，并征得发包人同意。承包人必须保证后任人员的资质、资历、业绩、实际工作能力不低于前任人员的素质。

(3) 承包方人员更换后，后任继续行使合同文件约定的前任的职权，履行前任的义务。承包人擅自更换项目经理及现场管理机构主要部门负责人的，按照约定承担违约责任。

(4) 指挥长、项目经理或现场管理机构主要部门负责人的实际工作能力和工作表现达不到招标文件明确要求或投标文件的承诺或工作态度存在严重不足，不适应现场工作需要，发包人有权向承包人提出撤换。承包人可以提出整改意见；如发包人不予接受，或认为整改效果不明显的，则承包人必须在规定时间内无条件撤换，所调换来人员的资质、资历、学历、职称、业绩、实际工作能力不低于原投标书中所承诺人员的素质。

(5) 指挥长、项目经理及现场管理机构主要部门负责人必须全职在现场办公，不得兼职或者擅自离岗。因特殊情况需短暂离岗的，应当事先报监理单位批准，必须妥善安排工地现场的工作交接，并按有关规定执行。若违反规定，总监理工程师可发出停工令，待人员回到岗位后才批准复工。承包人必须就此作出书面解释和保证，自行承担由此产生的工期延误等损失，并按照约定承担违约责任。这里“现场办公”是指在工程实施过程中，指挥长、项目经理及承包人现场管理机构主要部门负责人必须在施工场地全职上班，履行各自的职责。

(6) 如承包人委派的指挥长、项目经理及主要部门负责人有兼职情况，经监理单位证实，发包人将要求立即撤换该人员，并按照有关的约定承担违约责任。如发包人要求承包人撤换不合格人员，承包人拒不执行，则自撤换通知下达规定天数后，视为该部门负责人岗位已空缺，按有关的约定违约责任执行。

2 工程项目投标

2.1 大型集群工程项目投标书的内容

2.1.1 技术标书

大型集群工程项目的技术标书的内容一般由五部分内容构成。

第一部分:投标书及营业、资质证件

(1) 投标书

(2) 投标单位在工程所在地注册备案证明书

(3) 投标人的工商营业执照、企业资质和税务登记证等复印件。包括:

① 工商营业执照

② 企业资质证

③ 税务登记证

④ 安全资格证

⑤ 取费证

⑥ ISO9001 质量标准体系认证书

⑦ 职业安全健康管理体系认证证书

⑧ 环境管理体系认证证书

第二部分:投标表格

(1) 法人代表证明书

(2) 法人授权委托证明书

(3) 投标保证金收据(复印件)

(4) 履约保函实施管理明细附表

(5) 预付款银行保函(格式)

(6) 施工总平面布置图及临时用地表

(7) 拟分包情况一览表
(8) 劳动力计划表
(9) 现场指挥部人员表
(10) 指挥长
(11) 副指挥长
(12) 总工程师
(13) 项目管理班子配备情况表
(14) 项目经理
(15) 项目副经理
(16) 拟投入本项目经理部的其他主要人员表
(17) 周转材料的项目构成表
(18) 拟投入本项目的主要施工机械设备清单
第三部分:施工组织设计
(一) 施工组织设计方案
(1) 编制说明
① 编制说明
② 编制依据
③ 编制原则
(2) 工程概况
① 工程概况
② 现场及自然条件
③ 工程施工重点与难点
(3) 施工总目标
① 工程质量目标
② 工程工期目标
③ 工程施工安全文明目标
④ 推广应用“四新”技术目标
(4) 施工组织方案
① 施工组织机构、管理制度:施工组织机构设置;工程任务划分;现场指挥部(项目经理部)管理制度等。

② 文明施工日标及保证措施。

③ 施工总平面布置:大门及围墙设施;施工道路设施;施工场地设施;临时办公、生活用房设置;车辆及主要施工机械停放场设施;临时供水、排水、消防设施;施工用电设施;现场绿化及临时通信设施;施工现场总平面布置;施工总平面布置图等。

④ 施工方法及施工工艺:基坑支护及降、排水;管桩施工;基坑开挖及承台施工;混凝土框架主体施工;砌体砌筑施工;屋面及基础防水施工;室外装修施工;室内装修施工;建筑安装工程施工;设备安装;室外附属工程施工;测量控制等。

⑤ 施工难点的技术与管理措施:模板工程;合理配置施工机械设备、合理布置施工现场的技术与管理措施;交叉作业施工协调技术与管理措施;管桩施工技术与管理措施;商品混凝土技术与管理措施;施工测量技术与管理措施等。

⑥ 施工组织管理与协调。

⑦ 现场安全文明施工及综合管理:安全目标、组织机构及保障措施;文明施工目标及保证措施;环保、降噪声、消防及应急保证措施等。

(5) 拟投入的劳动力

① 劳动力组织

② 劳动力计划

③ 劳动力调配

(6) 拟投入的周转材料

① 周转材料的配置

② 周转材料质量

③ 周转材料投入量及进场计划

(7) 拟投入的机械设备

① 拟投入的机械设备的质量及机械化施工程度

② 拟投入的机械数量及进场计划

③ 拟投入本工程的测量仪器及试验设备

④ 主要施工机具管理措施

(8) 推广应用“四新”技术的可行性计划

① 新技术

② 新工艺

③ 新材料

④ 新设备

(9) 计算机应用与软件管理技术

(二) 施工保障措施

(1) 保障工期的常规措施

(2) 台风及雨期施工的保障措施

(3) 特殊情况下的施工保障措施

(4) 材料供应的保障措施

(5) 劳动力资源的保障措施

(6) 工程质量的保障体系与措施

(7) 传染病防治措施

(三) 项目管理机构的组成和职能、主要人员的资历和经验说明

(1) 项目管理机构组成

(2) 项目管理机构职能

(3) 主要人员资历和经验说明

(4) 指挥长近年施工管理经验和履约的初步构想

① 指挥长近年指挥过的工程项目

② 从事类似工程的施工管理经验和履约的详细情况说明

③ 对本工程项目实施的初步构想

(5) 项目经理近年施工管理经验和履约的初步构想

① 项目经理近年施工管理的工程项目

② 从事类似工程的施工管理经验和履约的详细情况说明

③ 对本工程项目实施的初步构想

(6) 拟投入本项目的主要施工机械设备质量及机械化施工程度

(7) 投标人近年经独立审计机构审计的财务报表,包括资产

负债表、损益报告、审计报告表等

(8) 投标人现正在承建工程的详细情况说明

第四部分:证明材料

(1) 证明材料一:投标人、指挥长、项目经理的履历表、上岗证、职称资格证及相关证明资料等复印件

(2) 证明材料二:近年的合同、竣工验收证明、中标通知书、结算书等复印件

(3) 证明材料三:施工机构设备的发票、购销合同、租赁合同等复印件

第五部分:投标人提交的其他补充资料

(1) 开标一览表

(2) 银行信用等级证书

(3) 重合同守信用证书

(4) 近年来工程获奖证书

2.1.2 经济标书

大型集群工程项目的经济标书的内容一般由系列表格构成。

(1) 投标承诺书

(2) 保证书

(3) 对施工合同文本的响应

(4) 开标一览表

(5) 工程造价汇总

(6) 工程量报价清单(建筑工程)

(7) 工程量报价清单(装饰装修工程)

(8) 工程量报价清单(安装工程)

(9) 工程量报价清单(市政工程)

(10) 工程量报价清单(园林绿化工程)

(11) 各类工程单(合)价分析表

(12) 总承包单位总包服务管理及协调费

(13) 工程预留金

(14) 未列项目收费表

(15) 投标人补充的其他说明

2.2 投标决策和策略

2.2.1 施工投标决策

建设工程施工投标决策,是指建设工程承包商为实现其生产经营目标,针对建设工程招标项目,决定寻求并实现最优化的投标行动方案的策略和办法。投标决策,是建设工程承包经营决策的重要组成部分,直接关系到承包商是否投标,能否中标以及中标后的效益等重要问题。建设工程投标决策,主要包括两方面内容:一是关于是否参加投标的决策;二是关于如何进行投标的决策。

(一) 影响投标决策的因素

1. 自身因素

(1) 技术方面。主要包括专业技术人员及水平和能力;施工队伍的专业特长、施工经验;一定的专业技术设备;合作伙伴的水平、经验和能力。

(2) 经济方面。主要包括周转资金;补充固定资产和机具设备的资金;各种担保能力;各种税款和保险的能力;抵御各种因素造成的风险能力以及国际工程承包中的资金垫付能力等。

(3) 管理方面。包括管理人员及经验和能力;管理模式和管理水平;在工期、定额、人员、材料、质量、合同、奖罚等方面的管理措施和规章制度。

(4) 信誉方面。包括遵守法律、行政法规;尊重社会公德;讲信用,守合同;安全施工;质量和工期的保证等方面。

2. 客观因素

(1) 业主和监理工程师的情况。包括业主的合法地位;支付能力;履约信誉;监理工程师的政策水平、业务能力和职业道德素养等。

(2) 竞争对手和竞争形势。包括竞争对手的企业性质和大小、资质等级、专业特长,在建工程项目状况;竞争对手的多少等。

(3) 政策法规的情况。包括国家的法律、行政法规的出台;地方的规章和规定;有关政策的导向;以及国际工程承包的惯例和原则。

(4) 风险因素。包括由于政治、经济、自然、合同本身以及在工程实施中存在的不可预见事件而产生的经济损失。

(二) 投标项目的选择

投标与否,要考虑的因素很多,需要投标人广泛、深入地调查研究,系统地积累资料,并作出全面的分析,才能使投标人作出正确的抉择。

1. 投标项目的选择依据

(1) 工程项目的性质和特点。

(2) 工程社会环境的特征。

(3) 工程的自然环境。

(4) 工程的经济环境。

(5) 本施工企业对该工程的承担能力。

(6) 对后续工程的考虑。

(7) 发包人的信誉。

2. 放弃投标的项目

(1) 工程资质要求超过本施工企业资质等级的项目。

(2) 本施工企业主营或兼营业务能力之外的项目。

(3) 本施工企业任务饱满,而招标工程的风险较大或盈利水平较低的项目。

(4) 业主无合法地位或信誉不佳的项目。

(5) 在实力与水平等方面具有明显优势的竞争对手参与的项目。

2.2.2 建设工程投标策略

投标策略是指承包商在投标竞争中的指导思想与系统工作部署及其参与投标竞争的方式和手段。投标策略作为投标取胜的方式、手段和艺术,贯穿于投标竞争的始终,内容十分丰富。在投标与否、投标项目的选择、投标报价等方面,无不包含投标策略。投标策略的内容主要有：

(1) 知己知彼，把握商机。当今世界正处于信息时代，广泛、全面、准确地收集和正确开发利用投标信息，对投标活动具有举足轻重的作用。投标单位要善于通过各种公共传播媒介和各种渠道收集投标信息，了解市场动态，熟悉业内行情，掌握招标人、工程背景和合同条件等情况，以及知悉竞争对手实力，同时对自身实力也要有正确的估价。做到知己知彼，百战不殆。

(2) 优质、快速和廉价。招标投标是市场经济条件下的一种竞争形式和交易方式，通过平等竞争，优胜劣汰。要在市场竞争中站稳脚跟，就必须在质量、工期、价格上下工夫。首先必须保证工程质量，在这一前提下，采取有效的措施缩短工期，降低工程成本，尽可能满足业主要求。

(3) 严格管理，讲求信誉。建设工程招标投标是要最大限度地实现投资效益的最优化。因此严格管理就非常重要，承包人要遵纪守法，严守合同，诚实信用，争取得到政府和有关组织的认可，形成企业良好的社会信誉，这样可以充分发挥技术上、管理上的优势，以讲求信誉和管理措施严格争取中标。

(4) 灵活多变，着眼未来。建筑市场的竞争非常激烈，承包人在竞争中，面对复杂的竞争形式，要准备多种方案和措施，采用灵活多变的策略，把握投标的主动权。同时，承包人还应采用长远发展的策略，着眼未来，争取将来的优势，对一些诸如开辟新市场的项目，宁可以微利的价格参与竞争。

以上这些策略，投标单位应根据具体情况灵活地加以使用。

2.2.3 投标报价的决策与技巧

(一) 投标报价决策

投标报价决策是指投标人召集算标人和决策人、高级咨询顾问人员共同研究，就上述标价计算结果和标价的静态、动态风险分析进行讨论，做出调整计算标价的最后决定。在报价决策中应当注意以下问题：

(1) 报价决策的资料依据。决策的主要资料依据应当是计算书和分析指标。计算书和分析指标是算标人员根据招标文件及有关计算工程造价的计价依据，按照一定的规则和方法计算得出的基础性文件。决策人不可毫无依据地乱报价。至于其他途径获得的所谓"标底价格"或竞争对手的"标价"等，只能作为参考。投标单位都希望自己中标，但是，更为重要的是中标价格应当基本合理，不应导致亏损。以自己的报价计算为依据进行科学分析，而后作出恰当的报价决策，至少不会盲目地落入竞争的陷阱。

(2) 报价决策的决定因素是效益。由于投标情况纷繁复杂，一般说来，报价决策并不仅限于具体计算，而是应当由决策人与算标人员一起，对各种影响报价的因素进行恰当的分析，并做出果断的决策。除了对算标时提出的各种方案、基价、费用摊入系数等予以审定和进行必要的修正外，更重要的是决策人应全面考虑期望的利润和承担风险的能力。承包商应当尽可能避免较大的风险，采取措施转移、防范风险并获得一定利润，在可接受的最小预期利润和可接受的最大风险内作出决策。

(3) 合理低报价是中标的重要因素。《合同法》规定，中标人的投标能够满足招标文件的实质性要求，并且经评审的投标价格最低；但是投标价格低于成本的除外。由于建筑市场的竞争非常激烈，在评标办法中经济商务部分的得分占总分权重越来越大，而其中报价总体水平又占有较大权重。所以，往往这一项就成为是否中标的关键。决策者要想得标就必须是投标者中的低报价。当然，这一低报价是要在能够最大限度地满足招标文件中规定的要求的基础上的低报价。低报价虽是得标的重要因素，但不是惟一因素。

(二) 报价技巧

报价技巧是指承包商在投标报价中采用的各种操作手法、技能或诀窍。报价技巧运用得当，报价既可为业主接受，中标后又能为承包商获得更多的利润。常用的报价技巧主要有：

(1) 以优胜劣法。一个企业的优势可以是多方面的，包括施工技术、技术装备、材料供应、管理模式以及队伍素质等。具有自己优势的企业在计算报价时,要把优势转化为报价的优势,这样既可提高竞争获胜的概率,又可减少利润上的损失。

(2) 不平衡报价法。这一方法是指一个工程项目总报价基本确定后,通过调整内部各个项目的报价,以期既不提高总报价、不影响中标,又能在结算时得到更理想的经济效益。

(3) 多方案报价法。对于一些招标文件,如果发现工程范围不很明确,条款不清楚或很不公正,或技术规范要求过于苛刻时,则要在充分估计投标风险的基础上,按多方案报价法处理。即是按原招标文件报一个价,然后再提出不同方案,指出由此可以在诸如质量、工期、造价上得到的实惠,吸引业主。

(4) 增加建议方案。有时招标文件中规定,可以提一个建议方案,表示可以修改原设计方案,提出投标者的方案。投标者应抓住机会,对原招标文件的设计和施工方案仔细研究,提出更为合理的方案以吸引业主,促成自己的方案中标。这种新建议方案可以降低总造价或是缩短工期,或使工程运用更为合理。但要注意对原招标方案一定也要报价。

(5) 扩大标价法。是指除按正常的已知条件编制标价外,对工程中变化较大或没有把握的工作项目,采用增加不可预见费的方法,扩大标价,减少风险。这种做法的优点是中标价即为结算价,减少了价格调整等麻烦,缺点是总价过高。

(6) 分包商报价的采用。由于现代工程的综合性和复杂性,总承包商不可能将全部工程内容完全独家包揽,特别是有些专业性较强的工程内容,须分包给其他专业工程公司施工,或业主规定某些工程内容必须由他指定的几家分包商承担。因此,总承商通常应在投标前先取得分包商的报价,并增加总承包商摊入的一定的管理费,而后作为自己投标总价的一个组成部分一并列入报价单中。

(7) 薄利或无利润算标。国际上流行的获胜概率理论表明,利润率越低,中标的可能性就越大。实现薄利方针,就是为了使承包商用一个较低的利润率报价,以争取投标获胜,实现最大的预期效益。而无利润算标,是指缺乏竞争优势的承包商,在不得已的情况下,只好在算标中根本不考虑利润去夺标;或者是承包商为了打开局面,从长计议的一种策略。

(8) 开口升级报价法。将工程中的一些风险大、花钱多的分项工程或工作抛开,仅在报价单中注明,由双方再度商讨决定。这样大大降低了报价,用最低价吸引业主,取得与业主商谈的机会,而在议价和合同谈判中逐渐提高报价。

除此之外,还有一些较为具体的方式,如计日工单价的报价、可供选择项目的报价、暂定工程量的报价等。

2.3 投标报价的方法

2.3.1 工程量清单计价

我国在很长一段时间采用单一的定额计价模式形成工程价格,即按预算定额规定的分部分项子目,逐项计算工程量,套用预算定额单价(或单位估价表)确定直接费,然后按规定的取费标准确定其他直接费、现场经费、间接费、计划利润和税金,加上材料调差系数和适当的不可预见费,经汇总后即为工程预算或标底,而标底则作为评标定标的主要依据。定额计价制度从产生到完善的数十年中,对我国的工程造价发挥了重要作用,但是随着市场经济体制改革的不断深入,传统的定额计价制度受到冲击,改革势在必行。

工程量清单计价方法是一种区别于定额计价模式的新计价模式,是一种主要由市场定价的计价模式,是由建设产品的买方和卖方在建筑市场上根据供求状况、信息状况进行自由竞价,从而最终能够签订工程合同价格的方法。因此,可以说工程量清单的计价方法是建设市场建立、发展和完善过程中的必然产物。在工程量清单的计价过程中,工程量清单向建设市场的交易双方提供了一个平等的平台,是投标人在投标活动中进行公正、公平、公开竞争的重要基础。

(一) 工程量清单的编制

(1) 工程量清单的项目设置

工程量清单的项目设置规则是为了统一工程量清单项目名称、项目编码、计量单位和工程量计算而制定的,是编制工程量清单的依据。在《建设工程工程量清单计价规范》中,对工程量清单项目的设置作了明确的规定。主要包括项目编码、项目名称、项目特征、计量单位和工作内容等。

(2) 工程数量的计算

工程数量主要通过工程量计算规则计算得到。工程量计算规则是指对清单项目工程量的计算规定。除另有说明外,所有清单项目的工程量应以实体工程量为准,并以完成后的净值计算;投标人投标报价时,应在单价中考虑施工中的各种损耗和需要增加的工程量。工程量计算规则包括建筑工程、装饰装修工程、安装工程、市政工程和园林绿化工程等五个部分。

(3) 工程量清单的标准格式

工程量清单应采用统一格式一般应由下列内容组成:

① 封面

② 填表须知

③ 总说明

④ 分部分项工程量清单

⑤ 措施项目清单

⑥ 其他项目清单

(二) 工程量清单计价与定额计价的区别

工程量清单计价方法与定额计价方法相比有一些重大区别,主要体现在:

(1) 计价的依据及其性质不同。

定额计价的主要依据为国家、省、有关专业部门制定的各种定额,而清单计价模式的主要计价依据是“清单计价规范”,其性质含有强制性条文国家标准。

(2) 编制工程量的主体不同。

定额计价中工程量分别由招标人和投标人分别按图计算。而在清单计价方法中,工程量由招标人统一计算或委托有关工程造价咨询单位统一计算,各投标人按照招标人提供的工程量清单,根据自身的技术装备、施工经验、企业成本、企业定额、管理水平自主填写单价和合价。

(3) 单价与报价的组成不同。

定额计价法的单价包括人工费、材料费、机械台班费,而清单计价方法采用综合单价形式,综合单价包括人工费、材料费、机械使用费、管理费、利润,并考虑风险因素。

(4) 工程量计算规则不同。

定额计价未区分施工实体性损耗和施工措施性损耗,而工程量清单计价把施工措施与工程实体项目进行分离;此外工程量清单计价规范的工程量计算规则的编制原则一般是以工程实体的净尺寸计算。

2.3.2 以工程量清单计价模式投标报价

(一) 工程量清单计价的程序

工程量清单计价的基本过程是,在统一的工程量清单项目设置的基础上,制定工程量清单计量规则,根据具体工程的施工图纸计算出各个清单项目的工程量,再根据各种渠道所获得的工程造价信息和经验数据计算得到工程造价。这一基本的计算过程如图2-1所示。

从工程量清单计价的过程示意图可以看出,其编制过程可以分为两个阶段:工程量清单的编制和利用工程量清单来编制投标报价。投标报价是在业主提供的工程量计算结果的基础上,根据企业自身所掌握的各种信息、资料,结合企业定额编制出来的。

(1) 分部分项工程费

分部分项工程费 = ∑分部分项工程量 × 相应分部分项工程单价

其中分部分项工程单价由人工费、材料费、机械费、管理费、利润等组成,并考虑风险费用。

(2) 措施项目费

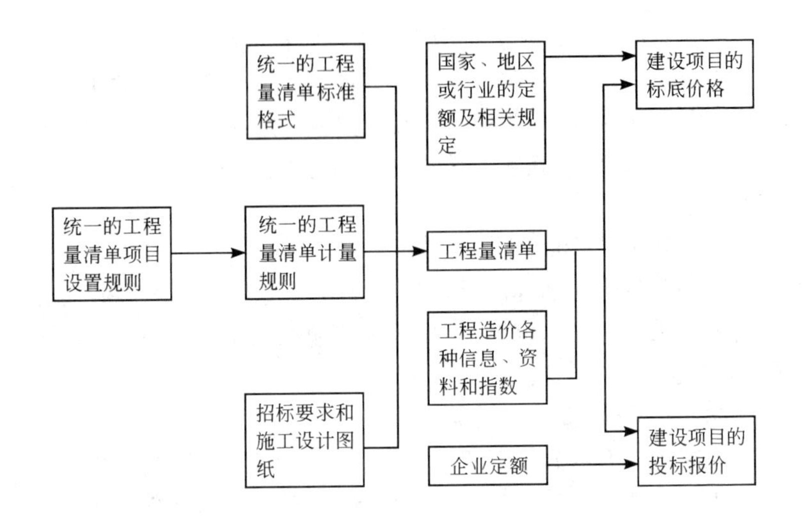

图 2－1　工程造价工程量清单计价过程示意图

$$措施项目费 = \sum 各措施项目费$$

措施项目分为通用项目、建筑工程措施项目、安装工程措施项目、装饰装修工程措施项目和市政工程措施项目，每项措施项目费均为合价，其构成与分部分项工程单价构成类似。

(3) 其他项目费

$$其他项目费 = 招标人部分金额 + 投标人部分金额$$

(4) 单位工程报价

$$单位工程报价 = 分部分项工程费 + 措施项目费 + 其他项目费 + 规费 + 税金$$

(5) 单项工程报价

$$单项工程报价 = \sum 单位工程报价$$

(6) 建设项目总报价

$$建设项目总报价 = \sum 单项工程报价$$

(二) 投标报价的依据

投标报价是投标人对承建招标工程所要发生的各种费用的计算。报价是投标的关键性工作，报价是否合理直接关系到投标的成败。因此报价的依据包括：

（1）招标人提供的招标文件、招标人提供的设计图纸、工程量清单及有关的技术说明书等。

（2）国家及地区颁发的现行建筑、安装工程预算定额及与之相配套执行的各种费用定额规定等。

（3）地方现行材料预算价格、采购地点及供应方式等。

（4）其他与报价计算有关的各项政策、规定及调整系数等。

（5）企业内部制定的有关取费、价格的规定、标准等。

（三）投标报价的编制程序

（1）对招标文件进行分析和研究。

（2）对工程量清单进行复核；复核中要视招标人是否允许对工程量清单内所列的工程量误差进行调整决定复核办法。

（3）工程量套用单价及汇总计算。根据我国现行的工程量清单计价办法，单价采用的是综合单价。

（四）综合单价要点

采用工程量清单综合单价计算投标报价时，投标人填入工程量清单中的单价是综合单价，应包括人工费、材料费、机械费、间接费、利润、税金以及风险金等全部费用，将工程量与该单价相乘得出合价，将全部合价汇总后即得出投标总报价。分部分项工程费、措施项目费和其他项目费用均采用综合单价计价。工程量清单计价的投标报价由分部分项工程费、措施项目费和其他项目费用构成。因此针对招标人提出的各个分部分项工程量清单，报综合单价时应重点注意：

（1）工程内容。必须确保所报的综合单价已经涵盖了该项目所要求的所有工作内容，否则，投标人很可能在施工时由于单价不完整而遭受损失。

（2）项目特征。项目栏中所描述的项目规格、部位、类型等特征将直接导致投标单位采用不同的施工方法，不同的施工方法导致综合单价的差异。

（3）施工方法。由于招标人所提供的工程数量是施工完成后的净值，而施工中的各种损耗和需要增加的工程量包含在投标人的报价中。

(4) 经验积累。综合单价反映投标人的自身实力，因此投标人应对已经完成的工程或正在进行的工程做好资料的积累，使经验数据与项目设置规则对接，以提高报价的准确。

(5) 市场询价。由于人、材、机等市场价格的不断变化，因此投标人必须充分利用各种途径把握现行的市场价格及其可能的发展趋势。

(6) 风险预测。在工程量清单计价中，投标人对价格承担风险责任，因此投标人对可能存在风险应当作出预测，并估计风险对中标后可能带来的影响。

3 合同的订立

3.1 合同的类型与选择

3.1.1 合同的类型

在招标发包承包之前，招标人必须根据并综合考虑招标项目的性质、类型和发包策略，招标发包的范围，招标工作的条件、具体环境和准备程度，项目的设计深度、计价方式和管理模式，以及便利发包人、承包人的因素，适当地选择招标发包承包方式，明确发包人与承包人双方之间的经济关系形式。从发包承包的范围、承包人所处的地位和合同计价方式等不同的角度，可以对工程招标发包承包方式进行不同分类。不管按什么方式分类，合同都是要用价格来体现。从承包工程的计价方式划分，一般分为总价合同、单价合同和成本加酬金合同。

(一) 总价合同

总价合同，是指在合同中确定一个完成项目的总价，承包人据此完成项目全部内容的合同。这种合同类型能够使发包人在评标时易于确定报价最低的承包商，易于进行支付计算。但这类合同仅适用于工程量不太大且能精确计算、工期较短、技术不太复杂、风险不大的项目。因而采用这种合同类型要求发包人必须准备详细而全面的设计图纸(一般要求施工详图)和各项说明，使承包人能准确计算工程量。总价合同有以下三种形式：

(1) 固定总价合同。承包商以初步设计的图纸(或施工设计图)为基础，报一个合同总价，在图纸及工程要求不变的情况下，其合同总价固定不变。这种合同承包商要考虑承担工程的全部风险因素。因此，这种合同形式一般适用风险不大、技术不太复杂、工期不长(一年以内)、工程施工图纸不变、工程要求十分明确的项目。如果施工图纸变更,工程要求较高,应考虑合同价格的调整。

(2) 调值总价合同。这种合同基本同固定总价合同一样,所不同的是在合同中规定了由于通货膨胀引起的工料成本增加到某一规定的限度时,合同总价应作相应的调整。这种合同业主承担了通货膨胀的风险因素,一般工期在一年以上的工程可采用这种合同形式。

(3) 固定工程量总价合同。这种合同要求投标者在报价时,根据图纸列出工程量清单和相应的费率为基础计算出的合同总价,据之以签订合同。当改变设计或新增项目而引起工程量增加时,可按新增的工程量和合同中已确定的相应的费率来调整合同的价格。这种合同一般只适用于工程量变化不大的项目。这种报价和合同方式对业主非常有利,他可以了解承包商投标报价是如何计算出来的,同时业主不承担任何风险。

(二) 单价合同

单价合同,是指承包人在投标时,按招标文件就分部分项工程所列出的工程量表确定各分部分项工程费用的合同类型。这类合同的适用范围比较宽,其风险可以得到合理的分摊,并且能鼓励承包人通过提高工效等手段从成本节约中提高利润。这类合同能够成立的关键在于双方对单价和工程量计算方法的确认。在合同履行中,需要注意的问题则是双方对实际工程量计量的确认。单价合同有以下三种形式:

(1) 估计工程量单价合同。业主在准备此类合同招标文件时,应有工程量表,在表中应列出每项工程量,承包商在工程量表中只填入响应的单价,据以计算出的投标报价作为合同总价。业主每月按承包商所完成的核定工程量支付工程款。待工程验收移交后,以竣工结算的价款为合同价。估计工程量单价合同应在合同中规定单价调整的条款。如果一个单项工程当实际工程量比招标文件的工程量表中的工程量相差某一百分数(如25%)时,应由合同双方协商对单价进行调整。这种合同,业主和承包商共同承担风险,是比较常见和比较合理的一种合同形式。

(2) 纯单价合同。这种合同在招标文件中只提出项目一览表、工程范围及工程要求的说明，而没有详细的图纸和工程量表，承包商在投标时只需列出各工程项目的单价。业主按承包商实际完成的工程量付款。这种合同形式适用于来不及提供施工详图就要开工的工程项目。

(3) 按总价投标和定标，按单价结算工程价款。这种承包方式适用于能比较精确地根据设计文件估算出分部分项工程数量的近似值，但仍可能因某些情况不完全清楚而在实际工作中出现较大变化的工程。为使发包人、承包人双方都能避免由此而来的风险，承包人可以按估算的工程量和一定的单价提出总报价，发包人也以总价和单价为评标、定标的主要依据，并签订单价承包合同。双方按实际完成的工程量和合同单价结算工程价款。

(三) 成本加酬金合同

成本加酬金合同，又称成本补偿合同，是指由业主向承包人支付工程项目的实际成本，并按事先约定的某一种方式支付酬金的合同类型。在这类合同中，业主需承担项目实际发生的一切费用，因此也就承担了项目的全部风险。而承包人由于无风险，其报酬往往也较低。这类合同的缺点是业主对工程总造价不易控制，承包人也往往不注意降低项目成本。这类合同主要适用于以下项目：需要立即开展工作的项目，如震后的救灾工作、新型的工程项目或对项目工程内容及技术经济指标未确定的项目、建设项目风险很大的项目。合同中确定的工程合同价，其工程成本部分按现行计价依据计算，酬金部分则按工程成本乘以通过竞争确定的费率计算，将两者相加，确定出合同价。一般分为以下几种形式：

(1) 成本加固定百分比酬金确定的合同价。这种合同价是发包方对承包方支付的人工、材料和施工机械使用费、其他直接费、施工管理费等按实际直接成本全部据实补偿，同时按照实际直接成本的固定百分比付给承包方一笔酬金，作为承包方的利润。这种合同价使得建安工程总造价及付给承包方的酬金随工程成本而水涨船高，不利于调动承包方降低成本、缩短工期的积极性。

(2) 成本加固定金额确定的合同价。这种合同价与上述成本加固定百分比酬金合同价相似。其不同之处仅在于发包方付给承包方的酬金是一笔固定金额的酬金。这种合同形式避免了固定百分比酬金水涨船高的现象,虽不能鼓励降低成本,但可以鼓励承包商为尽快得到固定酬金而缩短工期。

采用上述两种合同价方式时,为了避免承包方企图获得更多的酬金而对工程成本不加控制,往往在承包合同中规定一些"补充条款",以鼓励承包方节约资金,降低成本。

(3) 成本加浮动酬金的合同价。这种合同价通常是由双方事先商定工程成本和酬金的预期水平,然后将实际发生的工程成本与预期水平相比较,如果实际成本恰好等于预期成本,工程造价就是成本加固定酬金;如果实际成本低于预期成本,则增加酬金;如果实际成本高于预期成本,则减少酬金。采用这种方式,其优点是对发包人、承包人双方都没有太大风险,同时也能促使承包商关心降低成本和缩短工期;缺点是在实际中估算预期成本比较困难,预期成本估算要达到70%以上的精度才较为理想,而这对承发包双方的经验要求已相当高了。

(4) 目标成本加奖罚的合同价。这种合同价,首先要确定一个目标成本,这个目标成本是根据粗略估算的工程量和单价表编制出来的。在此基础上,根据目标成本来确定酬金的数额,可以是百分数的形式,也可以是一笔固定酬金。然后,根据工程实际成本支出情况另外确定一笔奖金,当实际成本低于目标成本一定幅度时,承包方除从发包方获得实际成本、酬金补偿外,还可根据成本降低额得到一笔奖金。当实际成本高于目标成本时,承包方仅能从发包方得到成本和酬金的补偿;此外,视实际成本高出目标成本情况,若超过合同价的限额,还要处以一笔罚金。除此之外,还可设工期奖罚。这种合同价形式可以促使承包商降低成本,缩短工期,而且目标成本随着设计的进展而加以调整,承发包双方都不会承担太大风险,故应用较多。

3.1.2 合同类型的选择

选择合同类型应考虑以下因素：

(1) 建设项目的设计深度。一般来讲，如果一个工程仅达到可行性研究概念设计阶段，只要求满足主要设备、材料的订货、项目总造价的控制、技术设计和施工方案设计文件的编制等要求，多采用成本加酬金合同；工程项目达到初步设计的深度，能满足设计方案中的重大技术问题和试验要求及设备制造要求等，多采用单价合同；工程项目达到施工图设计阶段，能满足设备、材料的安排、非标准设备的制造、施工图预算的编制、施工组织设计等，多采用总价合同。

(2) 项目规模和复杂程度。如果项目大而且复杂程度较高，则意味着：一是对承包人的技术水平要求高；二是项目的风险较大。因此，承包人对合同的选择有较大的主动权，总价合同被选用的可能性较小；或者有把握的部分采用固定总价合同，估算不准的部分采用单价合同或成本加酬金合同。有时在同一工程中，采用不同的合同形式，是使发包方和承包商合理分担施工不确定因素和风险的有效办法。如果项目的规模较小，复杂程度低，工期较短，则合同类型的选择余地较大，总价合同、单价合同及成本加酬金合同都可选择。

(3) 项目管理模式和管理水平。随着社会和科学技术的进步，建设工程项目的管理模式也越来越多样化，管理水平也越来越高。如果管理模式比较陈旧，管理水平较低，难以在工程管理中处于有利的地位和掌握主动权，风险就较大，应避免采用总价合同。但是，尽管总价合同是风险较大的一种方式，但同时也蕴涵着较大的盈利机会。如果企业的管理方式先进，管理水平高，则合同类型的选择余地也多。

(4) 合同条件的完备程度。如果合同文件中关于承发包双方的权利义务十分清楚，工程范围明确，工作条件稳定并合理，则可采用总价合同。但是，如果双方在合同条件的确定上不具体明确，甚至使用非常陌生的合同条件，则工程项目要顺利完成难度很大，因此可选择成本加酬金合同。

(5) 项目准备时间及工程进度的紧迫程度。项目的准备包括业主的准备工作和承包人的准备工作。对于不同的合同类型他们分别需要不同的准备时间和准备费用。由于招标过程费时,对工程设计要求也高,对于一些非常紧急的项目如抢险救灾等项目,要求尽快开工,给予业主和承包人的准备时间都非常短,加之工期又紧,因此,只能采用成本加酬金的合同形式。如果工程的招投标时间充裕,则可采用单价或总价合同形式。

(6) 项目的外部环境因素。项目的外部环境因素包括:项目所在地区的政治局势、经济状况、劳动力素质、交通、生活条件以及项目的竞争情况等。如果项目的外部环境恶劣则意味着项目的成本高、风险大、不可预测的因素多,承包商很难接受总价合同方式,而较适合采用成本加酬金合同。如果愿意承包某一项目的承包人较多,则业主拥有较多的主动权,可按照总价合同、单价合同、成本加酬金合同的顺序进行选择。如果愿意承包项目的承包人较少,则承包人拥有的主动权较多,可以尽量选择承包人愿意采用的合同类型。

总之,在选择合同类型时,一般情况下是业主占有主动权。但业主不能单纯考虑自己的利益,应当综合考虑项目的各种因素,考虑承包商的承受能力,确定双方都能认可的合同类型。

3.2 合同风险与防范

3.2.1 合同风险

风险,是指在从事某项特定活动中因不确定性而产生的经济损失、自然破坏或损伤的可能性。风险具有客观性、不确定性、可预测性等特征。

现代工程项目投资数额大、工作内容复杂、市场竞争激烈、履行时间长、涉及面广,是一个复杂的系统工程。在工程项目实施过程,承包商将会面临来自诸如政治、经济、技术、市场、自然等诸多方面的风险因素,这些风险因素将对工程项目的成败和承包商的经济效益产生重大的影响。然而在工程承包中,风险与赢利机会总是并存的,它们是矛盾和对立的统一体,没有脱离风险的纯利润,也不可能存在无利润的纯风险,承担的风险越大,赢利的可能性和机会应越大。关键在于承包商能不能在项目投标和实施过程中,善于分析风险因素,正确估计风险大小和影响程度,采取合理防范措施以避免和减轻风险,把风险造成的损失控制到最低限度,甚至学会利用风险,把风险转为机遇,利用风险来盈利。

由于承包工程的特点和建筑市场的激烈竞争,承包工程过程中存在着大量的不确定因素和风险,分类的角度有所不同,从风险的来源性质划分主要有以下几种:

(一) 技术风险

(1) 工程结构复杂、规模大、功能要求高,需要新技术、新工艺以及特殊的施工设备。

(2) 现场条件复杂,干扰因素多,施工技术难度大。

(3) 技术力量、施工力量、装备水平不足。

(4) 技术设计、施工方案、施工计划、组织措施存在缺陷和漏洞。

(5) 技术规范要求不合理,或过于苛刻。

(6) 工程变更。

(二) 经济风险

(1) 通货膨胀。物价上涨的风险是最常遇到的风险。世界上绝大多数国家都普遍存在这类风险。

(2) 业主经济状况恶化,支付能力差,甚至无力支付工程款。

(3) 承包商资金供应不足,周转困难。

(4) 带资承包、实物支付的风险。

(5) 出具保函风险。包括无理凭保函取款,不及时归还保函等。

(6) 外汇风险。包括汇率大幅度下跌、外汇垄断等。

(7) 保护主义。包括强制分包,限定物资采购地域等。

(8) 税收歧视。

(三) 自然风险

(1) 影响工程实施的气候条件,特别是长期冰冻、炎热酷暑期过长、长期降雨等。

(2) 台风、地震、海啸、洪水、火山爆发、泥石流等自然灾害。

(3) 施工现场的地理位置,对物资材料运输产生影响的各种因素。

(4) 施工场地狭小,地质条件复杂。

(5) 可能导致工程毁损或有害于施工人员健康的人为或非人为因素形成的风险,如核辐射或毒气泄露等事故。

(四) 业主资信风险

(1) 业主的信誉差、不诚实,故意拖欠工程款。

(2) 业主为了达到不支付,或少支付工程款的目的,在工程实施中苛刻刁难承包商,滥用权力,施行罚款或扣款。

(3) 业主经常改变主意,如改变设计方案、实施方案,打乱工程施工秩序,但又不愿意给承包商补偿等。

(4) 监理工程师或甲方代表的不公、拖延、克扣等刁钻行为。

(五) 合同条款风险

(1) 合同中明确规定的承包商应承担的风险。

(2) 标书或合同条款不合理,或过于苛刻,致使承包商的权利与义务极不平衡。

(3) 合同条文不全面、不完整,没有将合同双方的责权利关系表达清楚,没有预计到合同实施过程中可能发生的各种情况。

(4) 合同中的用词不准确、不严密。承包商不能清楚地理解合同的内容,造成失误。

(六) 工程管理风险

(1) 管理班子的配备;管理人员选用。

(2) 施工人员的积极性。

(3) 与业主、监理工程师、主管部门的关系。

(4) 合同管理与索赔。

(5) 联合承包及分包。

(七) 政治风险

(1) 战争或内乱。

(2) 国有化、没收与征用。

(3) 政策与法律法规。

(4) 社会风气及治安状况。

(5) 对外关系、国际信誉。

3.2.2 风险防范与对策

(一) 风险防范的一般方法

1. 风险损失的预防

风险损失的预防是在损失发生前采取的控制技术,对于各种风险因素而采取各自相应的预防措施。不确定性是风险的本质属性,但这并不表明人们对此束手无策,人们可以对可能发生的风险进行预测和衡量,尽量避免风险的发生,或对风险的发生有充分的准备。

2. 风险损失的减轻

损失减轻就是采取有效措施减轻损失发生时或发生后的损失程度。风险的后果就是会带来某种损失。而工程施工中所称的风险,一般而言都是危害性较大的风险,因此,对不可避免发生的风险一定要有恰当的措施来降低或减轻由此造成的损害。

3. 风险的分散与组合

风险分散是将风险进行时间、数量与空间上的分离。在工程承包中应尽量避免风险过于集中或过大,对于较大的风险要尽可能分解或进行组合,这样即使风险发生,损失也不会集中在一人身上。如承包商可以把一部分风险转移和分散给分包商或联营体的合伙人。

4. 风险的转移

风险转移就是将有些风险因素采取一定的措施转移出去。这是化解发现的最有效的方法。当然这种风险的转移可能会降低或减少一定的收益或利益。如房地产开发商的预售、预租行为,承包商购买保险行为等。

（二）业主风险防范对策

由于施工合同中的风险是由业主和承包商分担的，鉴于各自的地位不同，因此所采取的具体措施、方法也各异。业主对风险防范的对策主要有以下几点：

1. 认真编制招标文件和合同文件

合同文件是以招标文件为基础形成的，合同文件的完善程度如何，直接决定着将来合同索赔、合同争议的频率和程度。合同中应明确划分出签订合同时可能预见到事件的责任范围和处理方法，以减少执行合同过程中的争议与纠纷。

2. 严格对投标人进行资格预审

通过从投标人的组织机构、营业执照、资质等级证书以及工程经验、施工设备、人员素质、在手工程任务及财务状况等进行预先审查，保证有足够实力的承包商参加投标。这样就为将来实施合同提供基础保证。

3. 客观、公正做好评标决标工作

在评标时应特别注意对报价的综合评审，低报价应当能作出客观的解释。对那些报价明显偏低的投标不要轻意接受。否则，将来承包商遇到财务困难时，若业主给予援助，则会导致工程成本增加；若业主不予援助，工程施工则受到影响，甚至无法进行，这都对业主不利。

4. 聘请信誉良好的监理工程师

业主聘请信誉良好的监理工程师实施施工监理，可以对工程项目的质量、进度、造价、合同等实行有效的管理与控制，以实现项目的合同目标，并能很好地处理承发包双方在施工过程中可能存在的各种争议与纠纷。

5. 利用经济、法律等手段约束承包商的履约行为

业主可以利用履约保函、预付款保函、维修保函、扣留滞留金、违约误期罚款、工程保险单等经济、法律手段，来约束承包商在履行合同过程中的行为，并能减轻或避免因承包商违约所造成的工

程损失。

（三）承包商风险防范对策

在工程承包实践中，由于业主常处于主导地位，承包商是在激烈的竞争中夺标，合同风险主要集中在承包商方面。因此承包商应从投标、合同谈判、签约到项目执行过程中都要认真研究和采取减轻、转移风险和控制损失的有效方法。

1. 认真编制投标文件和报价单

合同文件同样要以投标文件和报价为依据，对合同风险，承包商应在投标报价予以充分的考虑，包括提高报价中的不可预见风险费，采取开口升级报价、多方案报价的报价策略，建议按成本加酬金方式结算以及在投标书中使用保留条款、附加或补充说明等。

2. 完善合同条款，合理分担风险

完善合同条文，使合同能体现双方责权利关系的平衡和公平合理。包括充分考虑合同实施过程中可能发生的各种情况，在合同中予以详细而具体的规定；使风险性条款合理化，防止独立承担风险；业主的免责条款是否合理；争取增加对承包商权益的保护性条款等。

3. 购买保险

工程保险是业主和承包商转移风险的一种重要手段。当出现保险范围内的风险，造成财务损失时，承包商可以向保险公司索赔，以获得一定数额的赔偿。承包工程的保险有工程一切险、施工设备险、第三方责任险以及人身保险等。

4. 认真准备，精心组织

在承包合同实施前，一定要做好各项准备工作，尤其是风险大的项目，要在项目经理和人员的配备、技术力量、机械装备、材料供应、资金筹集、劳务安排、规章措施等作出精心的安排，以提高应变能力和对风险的抵抗能力。

5. 加强索赔管理

用索赔来减少或弥补风险造成的损失，是一个合理的、也是当今被广泛采用的对策。通过索赔可以提高合同价格，增加工程收益,补偿由风险造成的损失。

3.3 合同的分析与签订

3.3.1 施工合同的分析

由于工程建设是一项复杂的系统工程,因此签订的合同就非常重要。合同签订前必须进行合同分析。合同分析是一项技术性、综合性很强的工作,要求有关人员必须熟悉与合同相关的法律法规;精通合同的文本结构和条款;对工程环境和条件有全面的了解;有承发包合同管理的实际工作经验和经历。

合同分析主要包括以下几个方面的分析:

1. 合法性分析

(1) 施工合同订立的原则、内容、形式和程序等要符合合同法、建筑法和其他相关法律的规定。

(2) 工程项目已具备有关行政法规或规定的条件,如报建手续、各种批件、各种许可证等。

(3) 合同当事人的资格审查。

(4) 是否需要公证、鉴证,或须由有关部门批准才能生效。

2. 完整性分析

(1) 属于该施工合同的各种文件齐全,包括工程技术、环境、水文地质等方面的文件。

(2) 合同内容完备。对施工合同的内容有相应的规定,没有漏项。

(3) 合同条款齐全。对各种问题和可能涉及的问题都有规定。

(4) 对非标准合同按标准合同文本进行对照分析。

3. 公平性分析

(1) 对权力的分析。包括该项权力对对方的影响力,是否需要制约,有无滥用权力的可能性等。

(2) 对责任的分析,包括该项责任的范围,完成该项责任的前提条件、可行性等。

(3) 业主和承包商双方的责、权、利尽可能具体、详细。

(4) 权利与义务的对等。

4. 一致性分析

(1) 工程范围和工作内容。

(2) 合同的计价,包括计价方式、进度款的结算与支付、保留金、预付款、竣工结算等。

(3) 工程变更,包括变更的内容和范围、权力和程序、有效期等。

(4) 各条款之间的逻辑关系。

5. 预测性分析

(1) 可能会出现的事件。

(2) 特殊事件的处理方式。

(3) 事件产生的后果。

(4) 法律责任。

3.3.2 施工合同谈判

谈判作为一种独特的人类活动,其存在和发展已有悠久的历史。改革开放以来,尤其是市场经济的建立,谈判活动和谈判技术成为我国经济生活的重要组成部分,大量的经济关系要借助于谈判来划分有关的权利和义务。施工合同关系的确立也是如此。尽管《合同法》规定,在确定中标人前,招标人不得与投标人就投标价格、投标方案等实质性内容进行谈判。但同时规定,招标人和投标人要按照招标文件和中标人的投标文件订立书面合同。即为商定的建筑安装工程,达成明确相互权利、义务关系的协议。这就需要谈判。而对于直接发包的项目,谈判就更为重要。

(一) 谈判的目的

1. 业主参加谈判的目的

(1) 更深入地了解投标者报价的构成,进一步审核和压低报价。

(2) 进一步了解和审查投标者的施工方法和技术措施,施工进度,项目班子,人员、设备和机械的配置,能否保证工程的质量和进度。

(3) 根据中标者的建议和要求,吸收其合理建议。

2. 中标者(投标者)参加谈判的目的

(1) 争取合理的价格。

(2) 争取改善合同条款。通过谈判争取修改苛刻的和不合理的条款,澄清模糊的条款以及增加有利于保护承包商利益的条款。

(3) 对于直接发包的项目,投标者要争取中标。

签订一份公平、合理的合同应该是业主和承包商追求的共同目标。一份好的合同应该是对双方都有利,即双赢。对一份好的合同的定性评价应该是:合同条款完整、合理,合同价格适中,合同风险分担公平,合同双方权、责、利关系比较平衡,没有苛刻的、单方面的约束性条款等。因此为实现上述目标,合同双方均应选择最有合同谈判知识、经验和能力的人进行合同谈判,同时各自的有关职能部门要积极配合,提供信息、意见和建议。

(二) 谈判的准备工作

由于工程项目投资数额大,实施时间长,不确定影响因素多,施工合同内容涉及到技术、经济、管理、法律等众多领域,因此在开始谈判之前,必须细致地做好各方面的谈判准备工作。

(1) 谈判的组织准备。一般来说,谈判组成员的选择要考虑以下几点:一是充分发挥每一个成员的作用,避免因人员过多使有些人不能发挥作用或意见纷杂不易集中;二是谈判负责人具有较强的业务能力和丰富的工作经验;三是要使成员的知识结构、能力结构组合在一起能满足谈判要求。

(2) 拟定好谈判计划。谈判前要确定谈判的主题和目标,拟订谈判方案,对想解决的问题及方案作好准备,要整理出谈判大纲,对要解决的主要问题和次要问题拟定要达到的目标。同时要明确谈判成员分工、职责和注意事项。此外,还包括确定谈判的地点、谈判的议程和进度等。

(3) 谈判的资料准备。谈判前要准备好谈判使用的各种参考资料，准备提交给对方的文件资料以及计划向对方索取的各种文件资料清单。准备提供给对方的资料一定要经谈判组长审查。无论是自己准备的资料还是对方提供的资料，都要认真研究、分析，充分把握其内容，做到心中有数、胸有成竹。

(4) 了解对方谈判人员的情况。包括了解对方谈判人员的基本情况，如年龄、性别、职务、籍贯、学历、资历，甚至性格等。了解对方谈判人员对谈判的态度和意向。了解对方谈判人员之间的意见是否一致。这样采取相应对策，使谈判取得成功。

(三) 谈判的策略和技巧

谈判是一门艺术性、技巧性很强的学问，其策略、技巧运用的好坏，直接影响到谈判的成功。

1. 谈判的策略知识

谈判者的最高宗旨是以最有利的条件实现合同的签约。策略选择的好坏会影响着合同的签约。良好、正确的策略选择主要体现在针对性、适应性和效益性三个方面。

(1) 针对性：策略运用应与客观环境相符合。不同的人、时间和内容，应采用不同的策略。这要求谈判者善于观察对手的特征，在认识的基础上作出判断，并且把握时机，根据谈判的内容选择合适的谈判策略，以达到预期的谈判目标。

(2) 适应性：谈判策略应随着谈判的发展而变化。这种变化应有新的针对性和灵活性。因为，随着谈判的深入，内容会有一定的调整，对手的态度也会变化，这些都会给谈判策略带来影响。良好的人际关系是谈判成功以至长期合作的重要因素。

(3) 效益性：所谓效益性是指策略的效应、效率。无论是初始的针对性，还是其间的适应性，都以效益来判断其正确程度如何。尽量避免毫无意义的闲聊或毫无诚意的谈判，更要防止假借订立合同，恶意进行磋商的情况。

2. 谈判的技巧

(1) 善于抓住实质问题。建设工程施工合同涉及的问题很多，切忌不分轻重主次，斤斤计较。要注意自始至终抓住主要、关键问题进行交涉,实质问题得到解决,其他问题就好办了。否则,谈判就会陷入僵局,甚至破裂。

(2) 对等的让步。当谈判进入相持阶段时,本着谈判应朝着争取签订合同的方向发展,当事人应适当作出让步。一般来说,当自己一方准备对某些条件作出退让时,可以要求对方在其他方面也作出相应的让步,这种做法往往能取得较好的效果。

(3) 调和折中。在工程项目谈判中,当双方就价格问题谈到一定程度以后,虽然各方都作出了让步,但并没有达成一致协议,这时只要各方面做一点让步,就可能拍板成交。

(4) 突出优势。对第一次合作对象,对方可能对自己的企业不太了解,甚至还带有偏见。在这种情况下,反复阐述自己的优势,则是赢得谈判成功的一种必要的手段。阐述方法很多,最常见的一种方法就是比较法,促使对方感到与自己企业合作是放心的。

此外,在策略和技巧方面还有诸如心理战术、先成交后抬价、最后一分钟策略等,总之,谈判的方式多种多样,谈判的技巧更是因事而异,它是经过人们参与谈判取得成功与失败之后,总结出来的经验与策略,不能理解为一种模式,或者一种原则,而只能归纳为方法范畴之中。

3.3.3 施工合同的审查

(一) 合同审查的目的

合同审查包括投标前对招标文件中的合同文本进行审查以及合同正式签订前对形成的合同草稿的审查,前者是为承包商的投标报价服务,后者则是为了签订一个公平、合理、有利的合同。

合同审查的目的主要有:

(1) 对合同进行结构分析。即分解合同,使其具体明确,易于对合同的认识和理解。

(2) 检查合同内容的完整性。可用标准的合同文本和结构进行对照,即可发现有无缺项或遗漏。

(3) 分析评价风险和法律后果,为合同签订提供决策依据。

(4) 审查合同条款之间是否有矛盾或概念不清的问题,以便修改、完善。

对于一些重大的工程项目，或合同关系很复杂的工程，合同审查应经合同法律专家核对评价，或在他们的指导下进行审查后，才能正式签订。

(二) 常见的合同问题

(1) 合同的结构有缺陷。缺少某些重要的、必不可少的条款。

(2) 合同条款本身有缺陷。对许多可能发生的情况未作估计和规定。

(3) 合同用词不当、概念不清、内容含糊，难以分清双方的责任和权益。

(4) 合同文件或条款之间的规定和要求不一致，甚至互相矛盾。

(5) 合同条款有两种以上的解释，双方对合同条款的理解大相径庭。

(6) 合同隐含重大风险，或内设圈套、陷阱。

(7) 合同不符合法律规定，包括程序、免责条款、形式等。

(三) 合同审查的内容

合同的一般性审查，应针对以下内容：

(1) 合同文件是否齐全。

(2) 条款是否完整。

(3) 定义是否清楚、准确。

(4) 合同内容是否公平、合理。

(5) 合同风险分担是否可以接受。

施工合同重点审查的内容：对施工合同条款的审查，应结合《建设工程施工合同(示范文本)》的有关内容以及具体工程项目的背景和实际情况进行。因合同条款较多，以下仅给出对工作内容、价格、工期、验收、违约责任等条款审查时应重点注意的有关问题。

1. 工作内容

工作内容是指承包商所承担的工作范围，包括施工、材料和设备的供应，施工人员的提供，工程量的确定，质量的要求及其他责

任义务等;这些内容是否与双方谈判时的意见一致,工作内容的范围是否清楚,责任是否分明。在这方面常出现的问题是:

(1) 因工作范围和内容规定不明确,或承包商未能正确理解而出现的报价漏项、缺项。

(2) 规定工作内容时,文字表达不清楚,双方容易引起争议。

2. 价格

价格是施工合同最主要内容之一,是双方讨论的关键,它包括单价、总价、工资、加班费和其他各项费用,以及付款方式和付款的附带条件等。价格主要是受工作内容、工期和其他各项义务的制约。在审查价格时,一定要注意以下两个方面:

(1) 是采用固定价格投标,还是同时考虑可调合同价,即遇到货币贬值等因素时合同价格是否可以调整等。有无可能采用成本加酬金合同形式。

(2) 在合同期间,业主是否能够保证一种商品价格的稳定。如在国际承包活动中,有些国家虽然要求承包商用固定价格投标,但可保证少数商品价格稳定。若此类商品价格上涨,则合同价可以提高。

3. 工期审查

工期是施工合同的关键条件之一,是影响价格的一项重要因素,同时它是违约误期罚款的惟一依据。工期确定是否合理,直接影响着承包商的经济效益问题,因此工期审查一定要讲究科学性、可操作性,同时要注意以下问题出现:

(1) 不能把工期混合于合同期。合同期是表明一个合同的有效期间,以合同生效之日到合同终止。而工期是对承包商完成其工作所规定的时间。

(2) 由于业主及其他非承包商原因造成工期延长,承包商有权提出延长工期要求。具体内容要在合同中明确规定。

4. 验收

验收主要包括对中间和隐蔽工程的验收、竣工验收和对材料设备的验收。因为验收是承包工程实施过程中的一项重要工作,它直接影响工程的工期和质量问题,需要认真对待。

(1) 应注意验收范围、验收时间的规定。

(2) 验收质量标准应在合同中明确表明。

5. 违约责任

为了确认违约责任、处罚得当,在审查违约责任条款时,应注意以下两点:

(1) 要明确不履行合同的行为,如合同到期后未能完工,或施工过程中施工质量不符合要求,或劳务合同中的人员素质不符合要求,或业主不能按期付款等。在对自己一方确定违约责任时,一定要同时规定对方的某些行为是自己一方履约的先决条件,否则不应构成违约责任。

(2) 针对自己关键性的权利,即对方的主要义务,应向对方规定违约责任。如承包商必须按期、按质完工;业主必须按规定付款等,都要详细规定各自的履约义务和违约责任。规定对方的违约责任就是保证自己享有的权利。

3.3.4 施工合同的签订

合同签订的过程,是双方当事人经过互相协商,最后就各方的权利、义务达成一致意见的过程,签约是双方意思表示一致的表现。

合同签订通常应考虑如下几方面问题:

(1) 合同签订应遵守的基本原则。

(2) 合同签订的程序。

(3) 合同的文件组成及其主要内容。

(4) 合同签订的形式等。

合同协议书由业主和承包商的法人代表,或正式授权委托的全权代表签署并加盖公章后,合同即开始生效。

第2篇　合同的履行

合同管理是工程项目管理的核心,施工合同确定了工程项目的价格、工期、质量和安全的目标,规定了合同双方当事人的权利义务,广义地说,工程项目的实施和管理的全部工作,都可以纳入合同管理的范畴,合同管理是贯穿于工程实施的全过程和各个方面,对整个项目的实施起总控制和总保证作用,在现代工程管理中,没有合同意识,不仅表明当事人的法律意识、市场经济意识不强,而且工程项目的整体目标也难以实现。

施工合同签订后即具有法律约束力,合同双方当事人均应严格按照合同规定履行自己的义务,才能实现自己的权利。对进入合同实施和履行阶段的管理,首先是要保证工程项目三大目标(进度要求、质量标准、工程造价)的实现,同时随着社会的进步,安全和文明施工也是现代工程建设、管理的体现和要求,因此,通过合同管理保证在约定的时间内,以约定的价格,按质安全地完成建设项目是合同全面履行的要求。

4 项目进度

4.1 项目进度控制的基本要求

1. 一般规定

项目进度控制应以实现施工合同约定的竣工日期为最终目标。项目进度控制应建立以项目经理为责任主体,由子项目负责人、计划人员、调度人员、作业队长及班组长参加的项目进度控制体系。

项目经理部应按下列程序进行项目进度控制:

(1) 根据施工合同确定的开工日期、总工期和竣工日期确定施工进度目标,明确计划开工日期、计划总工期和计划竣工日期,并确定项目分期分批的开工、竣工日期。

(2) 编制施工进度计划。施工进度计划应根据工艺关系、组织关系、搭接关系、起止时间、劳动力计划、材料计划、机械计划及其他保证性计划等因素综合确定。

(3) 向监理工程师提出开工申请报告,并应按监理工程师下达的开工令指定的日期开工。

(4) 实施施工进度计划。当出现进度偏差(不必要的提前或延误)时,应及时进行调整,并应不断预测未来进度状况。

(5) 全部任务完成后应进行进度控制总结并编写进度控制报告。

2. 施工进度计划

施工进度计划应包括施工总进度计划和单位工程施工进度计划。编制单位工程施工进度计划应采用工程网络计划技术,编制工程网络计划应符合国家现行标准《网络计划技术》(GB/T 13400.1~3—92)及行业标准《工程网络计划技术规程》(JGJ/T 121—99)的规定。劳动力、主要材料、预制件、半成品及机械设备需要量计划、资金收支预测计划,应根据施工进度计划编制。

(1) 施工总进度计划的编制应符合下列规定:

① 施工总进度计划应依据施工合同、施工进度目标、工期定额;有关技术经济资料、施工部署与主要工程施工方案等编制。

② 施工总进度计划的内容应包括:编制说明,施工总进度计划表,分期分批施工工程的开工日期、完工日期及工期一览表,资源需要量及供应平衡表等。

(2) 编制施工总进度计划的步骤应包括:

① 收集编制依据。

② 确定进度控制目标。

③ 计算工程量。

④ 确定各单位工程的施工期限和开、竣工日期。

⑤ 安排各单位工程的搭接关系。

⑥ 编写施工进度计划说明书。

(3) 单位工程施工进度计划宜依据下列资料编制:

① “项目管理目标责任书”。

② 施工总进度计划。

③ 施工方案。

④ 主要材料和设备的供应能力。

⑤ 施工人员的技术素质及劳动效率。

⑥ 施工现场条件,气候条件,环境条件。

⑦ 已建成的同类工程实际进度及经济指标。

(4) 单位工程施工进度计划应包括下列内容:

① 编制说明。

② 进度计划图。

③ 单位工程施工进度计划的风险分析及控制措施。

3. 施工进度计划的实施

项目的施工进度计划应通过编制年、季、月、旬、周施工进度计划实现。年、季、月、旬、周施工进度计划应逐级落实,最终通过施工任务书由班组实施。分包人应根据项目施工进度计划编制分包工程施工进度计划并组织实施。项目经理部应将分包工程施工进度计划纳入项目进度控制范畴,并协助分包人解决项目进度控制中的相关问题。

(1) 在施工进度计划实施的过程中应进行下列工作:

① 跟踪计划的实施进行监督,当发现进度计划执行受到干扰时,应采取调度措施。

② 在计划图上进行实际进度记录,并跟踪记载每个施工过程的开始日期、完成日期,记录每日完成数量、施工现场发生的情况、干扰因素的排除情况。

③ 执行施工合同中对进度、开工及延期开工、暂停施工、工期延误、工程竣工的承诺。

④ 跟踪形象进度对工程量、总产值、耗用的人工、材料和机械台班等的数量进行统计与分析,编制统计报表。

⑤ 落实控制进度措施应具体到执行人、目标、任务、检查方法和考核办法。

⑥ 处理进度索赔。

(2) 在进度控制中,应确保资源供应进度计划的实现。当出现下列情况时,应采取措施处理:

① 当发现资源供应出现中断、供应数量不足或供应时间不能满足要求时。

② 由于工程变更引起资源需求的数量变更和品种变化时,应及时调整资源供应计划。

③ 当发包人提供的资源供应进度发生变化不能满足施工进度要求时,应敦促发包人执行原计划,并对造成的工期延误及经济损失进行索赔。

4. 施工进度计划的检查与调整

对施工进度计划进行检查应依据施工进度计划实施记录进行。实施检查后,应向企业提供月度施工进度报告,施工进度计划在实施中的调整必须依据施工进度计划检查结果进行。调整施工进度计划应采用科学的调整方法,并应编制调整后的施工进度计划。在施工进度计划完成后,项目经理部应及时进行施工进度控制总结。

(1) 施工进度计划检查应采取日检查或定期检查的方式进行,应检查下列内容:

① 检查期内实际完成和累计完成工程量。

② 实际参加施工的人力、机械数量及生产效率。

③ 窝工人数、窝工机械台班数及其原因分析。

④ 进度偏差情况。

⑤ 进度管理情况。

⑥ 影响进度的特殊原因及分析。

(2) 月度施工进度报告应包括下列内容:

① 进度执行情况的综合描述。

② 实际施工进度图。

③ 工程变更、价格调整、索赔及工程款收支情况。

④ 进度偏差的状况和导致偏差的原因分析。

⑤ 解决问题的措施。

⑥ 计划调整意见。

(3) 施工进度计划调整应包括下列内容:

① 施工内容。

② 工程量。

③ 起止时间。

④ 持续时间。

⑤ 工作关系。

⑥ 资源供应。

(4) 总结时应依据下列资料:

① 施工进度计划。

② 施工进度计划执行的实际记录。

③ 施工进度计划检查结果。

④ 施工进度计划的调整资料。

(5) 施工进度控制总结应包括下列内容:

① 合同工期目标及计划工期目标完成情况。

② 施工进度控制经验。

③ 施工进度控制中存在的问题及分析。

④ 科学的施工进度计划方法的应用情况。

⑤ 施工进度控制的改进意见。

4.2 项目进度控制的保障措施

4.2.1 保障工期的常规措施

由于大型集群工程项目工程体量大,单位工程数目多,施工任务重,工期紧迫,投标人组建工期领导机构,通过强管理,实现工期目标管理责任制外,还应从生产要素配置、技术管理、资金保障以及特殊情况等几方面制定相应的管理措施来保证本工程如期完工。

(一) 生产要素保障

1. 劳动力保障措施

(1) 劳动力配置

根据工程项目情况,组织若干个土建施工队和专业队,不仅给出平均每天上场劳动力人数,施工高峰期间的施工人数也要满足要求,劳力资源配置留有一定富余量。为充分调动劳动力,保证施工进度按计划按步骤实施。

(2) 保障措施

① 形成多个地域性劳务基地。本着就近调配施工人员的原则,施工所需劳务人员应全部落实到位,保证中标即可进场。

② 建立劳动力应急保障体系。施工单位应与数个具有稳定劳动力保障、丰富施工经验、具备较高技术操作能力和管理水平、有着良好信誉的劳务队签订劳务意向协议书,明确责任和义务,按照施工高峰期劳动力的一定比例(如30%)进行储备。在施工高峰期或劳动力难以满足现场施工需要的情况下,及时调动劳动力应急体系,抽调充足施工人员上场,保证工序施工连续性。

③ 严密组织、合理安排施工工序,由指挥部统筹指挥调度劳动力的数量、工种。定期了解劳务人员的动态,分析并制定相应办法。

④ 合理配置各工种人员,均衡开展各工序施工任务。

⑤ 根据工程量大,工期紧迫,用工高峰期长,进场后,首先由项目经理组织进行开工总动员,使每个参与施工的人员了解工期的紧迫和质量控制的关键,保证提前投入到位。施工动员逐级进行,普及率应达95%以上,使施工人员以饱满的热情、高昂的士气和实际行动按期、优质、安全地完成施工任务。

⑥ 编制科学合理的劳动力需要计划表,运用网络计划技术,实行动态管理,及时调整各工程项目及各专业、各工序的进度计划。

⑦ 分析总体工程施工中制约总进度的关键项目,调集足够的劳动力进行重点突击,确保完成总任务。

⑧ 严密组织、合理安排施工工序,由调度室统筹指挥调度劳

动力的数量、工种。每天核查人员情况、思想动态，汇总到指挥部，以便于掌握了解现场施工人员动态，分析并制定相应处理办法。

⑨ 科学调配好各工种人员配置，使人员配置平衡合理，均衡开展各工序施工任务。

⑩ 为保证充足的施工劳动力，在施工用工高峰期，实行昼夜作业，将施工人员分为若干个班组，昼夜轮班倒，技术人员跟班监控，项目部将分为昼夜系统为施工服务。

2. 物资材料供应保障措施

(1) 物资来源及周转器材配置

现场施工材料供应主要有以下三种方式：甲招乙供、业主供应、自购。

周转器材配置：应根据工程特点进行周转器材配置，如某工程全部采用防水胶木板全木体系施工工艺，内脚手架采用多功能碗扣式脚手架和钢管脚手架，外防护采用全封闭双排钢管脚手架等。

(2) 保障措施

① 开工前，承包人应提前给业主报送大宗材料施工图预算用量及总体使用计划，施工过程中，计划部门、技术部门提前提交工程阶段性的材料品种、供应数量和进度计划，以便使业主能早储备、保供应。

② 对于水泥、石屑、碎石、钢筋、砂、预拌混凝土等大宗材料及发包人供应材料，严格按照有关管理办法和规定执行，工程阶段性的材料计划要在上月中旬前提交经驻地工程监理审核认可的下月需求计划给业主及业主指定的供应商，下达供货任务书，以便于供应商统筹安排，合理调配。当材料供应量不能满足现场需求时，及时向监理、业主汇报情况，以便监理、业主掌握材料供需动向，协调和解决供需矛盾。

③ 周转器材应统一在当地采购，提前和供应商签订供应协议意向书，确保工程正常运转。

④ 建立物供保障应急体系。一是承包单位的物资部门广泛了解市场材料动态；二是施工现场的储备量力求超过正常所需量

的一定比例,保证在遇有特殊情况下不会影响正常施工;三是开辟物流运输新道路。

⑤ 项目部物资部门要加强与材料供应监理、业主及供应商之间的沟通和信息交流,做到计划准确、信息反馈及时。

⑥ 在材料供应过程中给供应商提供现场及交通便利条件,必要时施工方协助供应商进行材料运输。

⑦ 按照进度计划,现场按一定百分比(如15%)的工程消耗量进行储备。

⑧ 及时准确了解掌握现场材料动态,合理安排、科学调配施工现场物资材料,使施工现场物资材料供需状况随时处于动态平衡。

⑨ 对于采购量巨大的材料,为防止材料大幅上涨应分类别采取相应的措施。

3. 机械设备供应保障措施

(1) 机械设备配置

按照计划投入相应数量的塔吊,卷扬机架,组织桩机、汽车吊、混凝土输送泵等若干台性能优良的机械设备进场,提高施工机械化程度。

(2) 保障措施

① 就近调配自有机械设备。首先调配使用本单位所属项目部自有机械设备。机械设备检修保养完好,随时可调配进入现场。

② 建立机械设备应急体系。在确立正常机械设备供应渠道的基础上,为确保机械设备供应满足现场施工需求,针对用量较大、运输困难的塔吊、自卸汽车、压路机、推土机、挖掘机等大型机械设备应及时与合作单位签订机械设备租赁意向书,明确责任和义务,在机械设备供应出现缺口的情况下,及时调动机械设备应急体系,满足现场施工需要,保证工序施工连续性。

③ 适当购买部分中、小型机械设备。如钢筋加工机械设备、木工加工机械设备、砂浆搅拌机、混凝土振动棒、抽水机等。

④ 按照工程进度,现场储备一定数量的机械设备,在工程施

工出现紧急情况下,及时补充、调度。在拟投入的施工机械设备清单表中,按正常使用量加以储备,以备工程急用。

⑤ 严密组织、合理安排施工工序,由设备物资部统筹指挥调度机械设备的进出场日期,场区内机械设备调运时间、数量、地点及交通线路,并定期做好维修、保养工作。

⑥ 在施工高峰期间,由于工程建设规模大,大型机械设备用量多,工期紧,交通容量小,而且许多大型机械设备需要拖车运输,施工方在充分利用已有交通条件下,另外考虑进入工地的交通,在开工前和有关管理部门签订协议书,保证外围运输线路畅通,确保机械设备供应满足现场需要。

(二) 技术保障措施

(1) 提前编制劳动力需要计划表、物资供应计划书、设备供应计划书,运用网络计划技术,及时调整各工程项目及各专业、各工序的进度计划。分析总体工程施工中制约总进度的关键项目,调集足够的劳动力、物资设备及周转器材进行重点突击,确保完成总任务。

(2) 对于工程的单位工程数目较多的特点,在施工安排上将功能合理的划分为大流水段,组织流水作业,加快施工速度。同时,其他建筑物适时插入,为设备安装争取时间,以确保工程按期交工。

(3) 编制科学合理的实施性施工组织设计,实行动态管理,及时调整各单位工程和各分部工程的进度计划和机械、劳力配置。不断优化施工方案和生产要素。

(4) 挖掘内部潜力,广泛开展施工生产劳动竞赛,营造比、学、赶、帮、超和人人争先的氛围,不断掀起施工高潮,确保总工期目标和阶段工期目标的顺利实现。

(三) 资金保障

(1) 向该项目投入充足的流动资金,保证现场施工正常运转。

(2) 建立资金保障制度,做到专款专用,未经项目经理签字,任何人不得动用资金。

(3) 视轻重缓急,合理使用资金,确保施工不受影响。

4.2.2 台风及雨期施工的保障措施

掌握工程所在地的气候状况,例如华南沿海地区属亚热带季风气候,下雨频繁,降水量大,而且每年都有台风登陆。针对这一特点,在雨期施工中,为保证工程质量,加快施工速度,确保施工安全,必须采取有力措施。

(一) 雨期及台风来临前的准备工作

1. 成立防洪、防汛组织

成立雨期防洪、防汛领导小组,全面负责防洪、防汛工作,设立专职值班人员,密切关注气象预报,并随时与当地水利、气象部门取得联系,对有可能发生的洪灾做到提前防范。

2. 雨期、台风来临前做好以下准备工作

(1) 编制雨期实施性施工组织计划,对一切可能发生不利因素提前做好防范准备。

(2) 修建临时排水设施,确保雨期作业的场地能及时排走积水,不被洪水淹没。

(3) 检查材料库、水泥库的封闭状态,对漏水破损之处及时修补,并增加材料的储备数量,防止因雨造成停工待料。

(4) 在台风来临之前,检查施工现场,对有可能受到破坏的材料、机械设备、工程予以妥善处理。在台风来临时停止施工活动。

(5) 经常对用电线路及用电设备进行检查,尤其是在台风、雨期来临之前仔细检查,防止用电事故发生。

(二) 雨期施工保证质量措施

1. 土方开挖时,为防止雨水浸泡基坑(槽),在基坑(槽)周围开挖相互贯通的排水沟,并设置集水坑,使雨水汇流至集水坑中,用潜水泵排出至河涌中,以保证施工正常进行。

2. 雨期施工中,钢筋易生锈斑,应建钢筋棚存放钢筋,对锈蚀钢筋派专人用钢丝刷对锈斑进行处理。

3. 商品混凝土施工应提前通知商品混凝土生产厂家,根据砂、石含水量及时调整混凝土的施工配合比,确保混凝土生产质量,并在施工现场随时检查商品混凝土的坍落度,以保证混凝土的质量。

4. 雨期对混凝土的拌和设备及临时水泥存放场所,应有完善的防雨措施。在浇筑大面积混凝土时,如遇大雨不能继续进行浇筑时,应作临时防雨措施,及时用塑料薄膜对已浇混凝土进行覆盖,不使雨水直接冲刷刚浇筑的混凝土面。

5. 在雨期进行施工安装时,设备宜在设备棚中保管,大型的支架,钢制的零部件用油布或纤维布加盖防雨。

6. 在雨期施工过程中,特别要保证焊条的干燥,以免影响焊接质量。

(三) 雨期施工安全措施

1. 施工现场的脚手架、塔式起重机等大型金属物体,应设防雷接地装置。防雷装置必须具有良好电气通路。

2. 有雨施工时,应做好防滑措施。

3. 雷电时,所有露天高空作业人员应停止施工,人体不得接触防雷装置。

4. 现场总配电箱,分配电箱应做防雨罩,并设置漏电保护器,并经常对用电线路及用电设备进行检查,防止用电事故发生。

(四) 风期、雨期保证工期措施

1. 加强管理,组织好人力、物力,搞好储备和保管,使风、雨对施工的影响降到最低,保证施工不间断,确保按期完工。

2. 在大风、大雨到来之前做到先知、先防,经常与气象部门取得联系,与气象部门建立信息网,提前掌握天气情况,未雨绸缪,做到防患于未然。

3. 对于风力小于6级的时间,操作人员在高空作业要系好安全带,戴好安全帽,方可作业,在小雨期间,在不影响质量的前提下安排施工,但操作人员须穿雨衣雨鞋作业。

4. 在沿海地区由于每年都有台风登陆,临时设施在修建时必须考虑防台风、防暴雨措施。以保证施工人员和机械设备等的安全,不影响施工进度。

5. 施工现场应专门成立抗洪抢险小组，保证现场排水设施设置畅通。并做好突然事件发生的准备工作。

6. 加强全员的防台风、暴雨的抗灾意识，经常组织学习，一旦灾难来临，大家一齐动手，保证施工生产。

7. 台风大雨过后，立即对土建各分部分项工程和安装工程进行全面彻底检查，报请业主、监理认可，并立即组织复工。调配并加强生产要素，力争把延误的进度追补回来。

（五）台风期间施工保证措施

1. 施工使用的脚手架之间、脚手架和墙体之间要有可靠的连接措施，保证不被台风破坏。模板应尽量拆除，不能拆除的也应采取加固措施。

2. 当在砌筑高处的外墙时，四周没有任何屏障，必须采取一定的保险、加固措施，以免被台风掀起。防止大风吹翻倾覆。

3. 在台风来临前应尽量不进行竖向钢筋的焊接，以防止被风吹弯、吹折。

4. 台风来临前如混凝土刚浇筑完，外露的混凝土面收面要及时，以消除混凝土风干收缩而形成的裂缝。收面结束要立即覆盖，尽可能避免混凝土直接暴露在大风中，以减少过程水分蒸发。用于覆盖混凝土的塑料薄膜和麻袋要用重物压住，以防刮风吹走，影响养护效果。

5. 遇6级及以上大风不得进行起重作业。

4.2.3 特殊情况下的施工保障措施

（一）春节等节假日期间的施工保障措施

(1) 临近节假日和农忙季节，要做好职工的思想工作，教育职工对工作尽职尽责。

(2) 采用经济激励机制，减少请假回家人数，在节假日和农忙季节适当增加超额奖金，使不回家的职工有较高的经济收入。

(3) 提高节假日期间的伙食质量，使职工吃上质高价廉的饭菜，开展丰富多彩的文娱体育活动，丰富职工的业余文化生活。

(4) 劳资部门在临近节假日和农忙季节，对可能请假的职工逐一摸底，如确须请假，在劳资部门进行登记。尽量安排轮流请假，使其分期分批的返乡，不出现大量的回乡潮，并根据工程进度安排，及时调整劳动力，确保劳动力满足施工进度要求。

(5) 建立多个地域性劳动基地是劳动力补充和保障的重要渠道，它是工程劳动力的补给可靠源头。

(6) 如在节假日期间尤其是在春节期间，施工人员中出现了回乡潮，耽误了工期，承包人应尽力争取在回乡潮过后尽快赶出工期，不耽误总工期。

(二) 停水、停电及其他特殊情况下保证不间断施工

(1) 项目部设专人和供电部门密切联络，准确了解供电情况，掌握电力供应主动权。

(2) 根据水、电供应情况，合理调节安排工序，防止窝工、停工现象发生。

(3) 工地每个建筑物附近设一定容量的蓄水池，作为停水时备用。

(4) 在现场储备一定功率的发电机，作为应急施工电源。

(5) 如在施工中遇到拆迁影响，承包人应根据具体情况安排好施工工序，施工时见缝插针以保证工程顺利完工。

(6) 炎热季节施工，合理安排工作时间，采取防暑降温措施，防止传染病流行，确保全员身体健康。

4.3 项目组织设计和工期的合同管理

4.3.1 进度计划

(一) 计划的提交和确认

(1) 承包人应于接到中标通知书后及时提交工程进度计划(网络计划)和钢筋、水泥、砂、石屑、碎石、预拌混凝土等材料的使用计划，于合同签订后及时提交施工组织设计(施工方案)。

承包人提交的施工组织设计应当载明如下内容(包括但不限于)：

① 各分部分项工程的完整的施工方案；

② 施工资源投入计划，包括机械设备进场计划、工程材料和物料进场计划、施工人员进场计划等；

③ 施工现场平面布置图及施工道路平面图；

④ 季节性施工措施；

⑤ 地下管线及其他地下设施的加固措施；

⑥ 保证工期、质量的措施；

⑦ 保证安全生产，文明施工，减少扰民降低环境污染和噪声的措施；

⑧ 妥善处理与相邻施工地作业现场关系的措施；

⑨ 其他与工程施工有关的管理方案、措施。

工程进度计划应当内容全面详实，针对工程的全部或分项施工作业和特点提出施工方法、安排、顺序和时间表，并在各节点位置标注有相应的工程量及材料消耗量。

(2) 总监理工程师在接到承包人提交的施工组织设计和工程进度计划后按约定时间予以确认或提出修改意见(监理单位先审核并签署意见；然后由发包人审核并签署意见)。逾期不确认，也不提出书面意见的视为同意。

(二) 群体工程中单位工程分期进行施工的，施工组织设计和工程进度计划应按群体工程和单位(单项)工程分别进行编制。具体内容在由发包人与承包人另行以书面方式约定并构成合同附件。

(三) 计划的执行

(1) 承包人应当加强计划管理，严格按照总监理工程师确认的工程进度计划组织施工，并接受总监理工程师对工程进度的检查、监督。

(2) 为便于总监理工程师掌握和控制工期，承包人应于每月底向总监理工程师填报工程(含各分部、分项工程)的当月进度计划完成情况(没完成计划的必须说明原因)和甲招乙供材料使用情况，并在此基础上更新工程进度计划、甲招乙供材料使用计划、资金计划和其他工作计划。总监理工程师在接到报告后应当予以确认或提出书面意见,承包人必须按照总监理工程师的确认或者书面意见执行。

(3) 工程实际进度与经总监理工程师确认的进度计划或者更新进度计划不符时,总监理工程师认为工程或其中任何部分工程进度滞后而不能按预定工期完工,则应将此情况通知承包人,承包人应据此编制修改工程进度计划,采取总监理工程师同意的必要措施加快工程进度。属承包人原因的,承包人无权要求发包人支付任何附加费用。如承包人在总监理工程师发布指令后未能及时采取有效措施,工程进度仍然无明显改进,按有关约定支付违约金,发包人有权部分或全部解除合同,将未完工程另行发包或者划拨给其他有能力的承包商,承包人必须无条件服从,由此所造成的损失全部由承包人承担,并不免除承包人的违约赔偿责任。有关部分或全部解除合同的实施办法按有关约定执行。

4.3.2　开工及延期开工

(一) 开工日期和竣工日期

(1) 工程合同工期(指日历天数)。其中:

① 开工时间(实际开工日期以总监理工程师签发的开工令为准)。

② 竣工时间。

(2) 工程竣工日期为硬性工期。承包人必须采取一切有效措施保证按期竣工,不得延误。除非发生了以下情形:

① 政府对本工程建设项目作出停建、缓建的决定;

② 重大设计变更导致本工程在规划、使用、功能方面有重大调整;

③ 不可抗力持续影响而延误工期超过约定天数以上。

(二) 延期开工

承包人必须提前进入施工场地,做好施工准备工作,按照约定的开工日期开工。在工程已具备开工条件,但因承包人自身的原因(包括但不限于指挥长、项目经理及现场管理机构尚未到位)而无法实际开工的，经发包人书面同意，总监理工程师可以签发开工令，工期开始正式计算，但现场不允许开工；再由总监理工程师发出停工令，待承包人准备妥当后才批准复工。由此产生的工期延误等损失由承包人承担，并按照有关的约定承担违约责任。

4.3.3 暂停施工

（一）因下列原因，总监理工程师报经发包人同意，可通知承包人暂停施工：

（1）工程设计发生重大变更；

（2）不可抗力；

（3）质量事故；

（4）安全生产事故；

（5）承包人材料供应发生重大变故。

承包人不得以与发包人有争议或争议未解决为由而单方面停工。否则，按照有关约定承担违约责任。

因发生上述第(1)、(2)项原因而暂停施工，工期调整适用有关工期延误的约定，因发生上述第(3)、(4)、(5)项原因而暂停施工，工期不予顺延，承包人必须承担由此发生的费用并分别按相关条款的约定向发包人承担违约责任。

（二）为了保证工程质量安全，凡出现下列情况之一(不限于此)的，总监理工程师有权下达停工令，责令承包人停工整改，由此造成的损失由承包人自行负责，造成工期延误的承包人按约定承担违约责任。

（1）拒绝监理单位管理；

（2）施工组织设计(方案)未获总监理工程师批准而进行施工；

（3）未经监理单位检验而进行下一道工序作业者；

（4）擅自采用未经监理单位及发包人认可或批准的材料的，或者使用的原材料、构配件不合格或未经检查确认的，或者擅自采用未经认可的代用材料的；

（5）擅自变更设计图纸的要求；

(6) 转包工程；

(7) 擅自让未经总监理工程师批准的分包单位进场作业；

(8) 存在安全隐患，未按监理单位要求及时进行整改；

(9) 未按双方约定的资料上报要求上报所需资料的。

(三) 因不可抗力引起工程停工，工期按有关约定执行，费用承担按以下原则：

(1) 工程本身的损害及因工程损害导致第三方人员伤亡和财产损失，由发包人承担；

(2) 发包人、承包人人员伤亡由其所在单位负责，并承担相应费用；

(3) 承包人机械设备损坏及停工损失，由承包人承担；

(4) 停工期间，承包人应监理工程师的要求留在施工场地的必要管理人员及保卫人员的费用由承包人承担；

(5) 工程所需清理、修复费用由承包人承担。

(四) 由于政府部门举行特殊活动引起的停工的，因停工产生的费用由承包人承担。

4.3.4 工期延误

(一) 工期控制与调整

(1) 工程工期划分为关键节点工期和一般节点工期二类控制。根据建设项目工期网络计划安排，承包人必须在施工组织设计文件中详细区分和列明本工程的关键节点工期和一般节点工期，并报经总监理工程师和发包人批准后实施。

根据但不完全限于承包人投标时编制的施工组织设计文件，工程及各单项(子项)、单体工程的关键节点要按期完成工期。

如组团房建工程节点：

① 房建基础部分完工：包括桩基础完工时间，地下室完工时间，浅基础完工时间。

② 房建主体结构完工：多层主体结构封顶时间；小高层主体结构封顶时间。

③ 房建多层普通装修、给排水工程、机电设备工程、通风空调

工程、消防工程完工时间。

④ 房建多层精装修、智能化工程完工时间。

⑤ 房建多层电梯安装完工时间。

⑥ 房建小高层普通装修、给排水工程、机电设备工程、通风空调工程、消防工程完工时间。

⑦ 房建小高层精装修、智能化工程完工时间。

⑧ 房建小高层电梯安装完工时间。

如区内道路、桥涵、室外给排水工程节点:

① 区内管网完工时间。

② 场地平整完工时间。

③ 路面工程完工时间。

④ 交通标志、标线、设施、区内绿化等完工时间。

⑤ 工程竣工验收时间。

⑥ 清理退场时间。

(2) 工期调整的原则是:对于承包人原因造成的工期延误,工期一概不得顺延;对于非承包人造成的工期延误,一般节点工期可以相应顺延,但该项顺延以不对关键节点工期和总工期构成不利影响为限。关键节点工期一般不予调整,承包人应当采取合理有效的赶工措施予以消化。

在特殊情况下,关键节点工期确需调整的,承包人必须重新编制总工期控制计划和关键节点工期调整计划并报请总监理工程师和发包人审核。经总监理工程师、发包人审核,确认承包人编制的关键节点工期调整计划已十分完备,且已采取了合理的赶工措施足以确保工程按期竣工的,应当同意工期调整。承包人必须在总监理工程师、发包人批准其调整计划后,及时将调整后的总工期控制计划和关键节点工期调整计划按合同份数送各方作为合同附件存档。

(二) 工期延误的原因及其处理

(1) 非承包人原因造成的工期延误,是指有确凿证据证实因下列原因而直接造成承包人的原定工期计划延误:

① 不可抗力;

② 工程设计有重大变更或重大失误;

③ 发包人延期交付施工场地;

④ 施工图纸供应时间影响工期进度,并经总监理工程师确认的;

⑤ 发包人不按合同约定延迟支付工程款而影响工期进度,并经总监理工程师确认的;

⑥ 发包人其他违约行为造成工期延误。

除上述原因之外,其他所有工期延误均为承包人原因造成的延误。

(2) 因承包人原因造成的工期延误,工期一概不得顺延。承包人还应当按照有关的约定承担违约责任。

(三) 对于非因承包人原因发生的工期延误,承包人应当在工期延误发生后及时就延误的内容和因此发生的经济支出向发包人提出书面报告,逾期不报告,发包人不予确认;发包人代表在收到报告后及时予以确认、签复,逾期不予答复,承包人即可视为延期要求已被确认。

4.3.5 工程竣工

承包人必须按照合同协议书约定的竣工日期竣工。

5 项目质量

5.1 项目质量控制的基本要求

1. 一般规定

(1) 项目质量控制应按 2000 版 GB/T 19000 族标准和企业质量管理体系的要求进行。项目质量控制因素应包括人、材料、机械、方法、环境,项目质量控制应坚持“质量第一,预防为主”的方针和“计划、执行、检查、处理”循环工作方法,不断改进过程控制。

(2) 项目质量控制应满足工程施工技术标准和发包人的要求。项目质量控制必须实行样板制。施工过程均应按要求进行自检、互检和交接检。隐蔽工程、指定部位和分项工程未经检验或已经检验定为不合格的,严禁转入下道工序。

(3) 项目经理部应建立项目质量责任制和考核评价办法。项目经理应对项目质量控制负责。过程质量控制应由每一道工序和岗位的责任人负责。分项工程完成后,必须经监理工程师检验和认可。承包人应对项目质量和质量保修工作向发包人负责。分包工程的质量应由分包人向承包人负责。承包人应对分包人的工程质量向发包人承担连带责任。分包人应接受承包人的质量管理。

(4) 实施项目质量计划包括施工准备阶段质量控制;施工阶段质量控制;竣工验收阶段质量控制。

2. 质量计划

(1) 质量计划的编制应符合下列规定:

① 应由项目经理主持编制项目质量计划。

② 质量计划应体现从工序、分项工程、分部工程到单位工程的过程控制,且应体现从资源投入到完成工程质量最终检验和试验的全过程控制。

③ 质量计划应成为对外质量保证和对内质量控制的依据。

(2) 质量计划应包括下列内容:

① 编制依据。

② 项目概况。

③ 质量目标。

④ 组织机构。

⑤ 质量控制及管理组织协调的系统描述。

⑥ 必要的质量控制手段,施工过程、服务、检验和试验程序等。

⑦ 确定关键工序和特殊过程及作业的指导书。

⑧ 与施工阶段相适应的检验、试验、测量、验证要求。

⑨ 更改和完善质量计划的程序。

(3) 质量计划的实施应符合下列规定:

① 质量管理人员应按照分工控制质量计划的实施,并应按规定保存控制记录。

② 当发生质量缺陷或事故时,必须分析原因、分清责任、进行整改。

(4) 质量计划的验证应符合下列规定:

① 项目技术负责人应定期组织具有资格的质量检查人员和内部质量审核员验证质量计划的实施效果。当项目质量控制中存在问题或隐患时,应提出解决措施。

② 对重复出现的不合格和质量问题,责任人应按规定承担责任,并应依据验证评价的结果进行处罚。

3. 施工准备阶段的质量控制

施工合同签订后,项目经理部应索取设计图纸和技术资料,指定专人管理并公布有效文件清单;应依据设计文件和设计技术交底的工程控制点进行复测。当发现问题时,应与设计人协商处理,并应形成记录。项目技术负责人应主持对图纸审核,并应形成会审记录。项目经理应按质量计划中工程分包和物资采购的规定,选择并评价分包人和供应人,并应保存评价记录。企业应对全体施工人员进行质量知识培训,并保存培训记录。

4. 施工阶段的质量控制

(1) 技术交底应符合下列规定:

① 单位工程、分部工程和分项工程开工前,项目技术负责人应向承担施工的负责人或分包人进行书面技术交底。技术交底资料应办理签字手续并归档。

② 在施工过程中,项目技术负责人对发包人或监理工程师提出的有关施工方案、技术措施及设计变更的要求,应在执行前向执行人员进行书面技术交底。

(2) 工程测量应符合下列规定:

① 在项目开工前应编制测量控制方案,经项目技术负责人批准后方可实施,测量记录应归档保存。

② 在施工过程中应对测量点线妥善保护,严禁擅自移动。

(3) 材料的质量控制应符合下列规定:

① 项目经理部应在质量计划确定的合格材料供应人名录中按计划招标采购材料、半成品和构配件。

② 材料的搬运和贮存应按搬运储存规定进行,并应建立台账。

③ 项目经理部应对材料、半成品、构配件进行标识。

④ 未经检验和已经检验为不合格的材料、半成品、构配件和工程设备等,不得投入使用。

⑤ 对发包人提供的材料、半成品、构配件、工程设备和检验设备等,必须按规定进行检验和验收。

⑥ 监理工程师应对承包人自行采购的物资进行验证。

(4) 机械设备的质量控制应符合下列规定:

① 应按设备进场计划进行施工设备的调配。

② 现场的施工机械应满足施工需要。

③ 应对机械设备操作人员的资格进行确认,无证或资格不符合者,严禁上岗。

(5) 计量人员应按规定控制计量器具的使用、保管、维修和检验，计量器具应符合有关规定。

(6) 工序控制应符合下列规定：

① 施工作业人员应按规定经考核后持证上岗。

② 施工管理人员及作业人员应按操作规程、作业指导书和技术交底文件进行施工。

③ 工序的检验和试验应符合过程检验和试验的规定，对查出的质量缺陷应按不合格控制程序及时处置。

④ 施工管理人员应记录工序施工情况。

(7) 特殊过程控制应符合下列规定：

① 对在项目质量计划中界定的特殊过程，应设置工序质量控制点进行控制。

② 对特殊过程的控制，除应执行一般过程控制的规定外，还应由专业技术人员编制专门的作业指导书，经项目技术负责审批后执行。

(8) 此外，工程变更应严格执行工程变更程序，经有关单位批准后方面实施。建筑产品或半成品应采取有效措施妥善保护。施工中发生的质量事故，必须按《建设工程质量管理条例》的有关规定处理。

5. 竣工验收阶段的质量控制

单位工程竣工后，必须进行最终检验和试验。项目技术负责人应按编制竣工资料的要求收集、整理质量记录。项目技术负责人应组织有关专业技术人员按最终检验和试验规定，根据合同要求进行全面验证。对查出的施工质量缺陷，应按不合格控制程序进行处理。项目经理部应组织有关专业技术人员按合同要求编制工程竣工文件，并应做好工程移交准备。在最终检验和试验合格后，应对建筑产品采取防护措施。工程交工后，项目经理部应编制符合文明施工和环境保护要求的撤场计划。

6. 质量持续改进

项目经理部应分析和评价项目管理现状，识别质量持续改进区域，确定改进目标，实施选定的解决办法。质量持续改进应按全面质量管理的方法进行。

(1) 项目经理部对不合格控制应符合下列规定:

① 应按企业的不合格控制程序,控制不合格物资进入项目施工现场,严禁不合格工序未经处置而转入下道工序。

② 对验证中发现的不合格产品和过程,应按规定进行鉴别、标识、记录、评价、隔离和处置。

③ 应进行不合格评审。

④ 不合格处置应根据不合格严重程度,按返工、返修或让步接收、降级使用、拒收或报废四种情况进行处理。构成等级质量事故的不合格,应按国家法律、行政法规进行处置。

⑤ 对返修或返工后的产品,应按规定重新进行检验和试验,并应保存记录。

⑥ 进行不合格让步接收时,项目经理部应向发包人提出书面让步申请,记录不合格程度和返修的情况,双方签字确认让步接收协议和接收标准。

⑦ 对影响建筑主体结构安全和使用功能的不合格,应邀请发包人代表或监理工程师、设计人,共同确定处理方案,报建设主管部门批准。

⑧ 检验人员必须按规定保存不合格控制的记录。

(2) 纠正措施应符合下列规定:

① 对发包人或监理工程师、设计人、质量监督部门提出的质量问题,应分析原因,制定纠正措施。

② 对已发生或潜在的不合格信息,应分析并记录结果。

③ 对检查发现的工程质量问题或不合格报告提及的问题,应由项目技术负责人组织有关人员判定不合格程度,制定纠正措施。

④ 对严重不合格或重大质量事故,必须实施纠正措施。

⑤ 实施纠正措施的结果应由项目技术负责人验证并记录;对严重不合格或等级质量事故的纠正措施和实施效果应验证,并应报企业管理层。

⑥ 项目经理部或责任单位应定期评价纠正措施的有效性。

(3) 预防措施应符合下列规定:

① 项目经理部应定期召开质量分析会,对影响工程质量潜在原因,采取预防措施。

② 对可能出现的不合格,应制定防止再发生的措施并组织实施。

③ 对质量通病应采取预防措施。

④ 对潜在的严重不合格,应实施预防措施控制程序。

⑤ 项目经理部应定期评价预防措施的有效性。

7. 检查、验证

项目经理部应对项目质量计划执行情况组织检查、内部审核和考核评价,验证实施效果。项目经理应依据考核中出现的问题、缺陷或不合格,召开有关专业人员参加的质量分析会,并制定整改措施。

5.2 项目质量控制的保障措施

5.2.1 质量目标管理责任制

(一) 质量管理机构

(1) 质量管理组织机构:建立以指挥长(项目经理)为组长,总工程师和副指挥长(项目副经理)为副组长的质量管理小组,明确各级管理职责,管生产必须管质量,建立严格的考核制度,将经济效益与质量挂钩。

(2) 质检人员的配置:明确专职质检人员,指挥部设安全质量环保部,指挥部设中心试验室。项目部设安全质量环保科,施工队设专职质检员,各工班设兼职质检员。项目部设测量队、试验室,配测量、试验工程师。

(3) 职责分工:建立从项目经理、施工队长到操作工人的岗位质量责任制、明确各级管理职责,管生产必须管质量,建立严格的考核制度,以实行优质优价政策,将经济效益与质量挂钩。

(二) 质量管理责任

(1) 指挥长(项目经理)的质量管理责任

① 组织领导本单位的质量工作,对工程质量负全面责任。

② 认真贯彻执行国家有关工程质量的方针政策、规范和标准,审批本项目质量管理的各项规章制度。

③ 定期组织召开质量工作会议,总结质量工作经验,掌握和分析本单位的质量状况。

④ 支持技术、质检人员的工作,实行质量一票否决制。

(2) 副指挥长(项目副经理)的质量管理责任

① 协助项目经理搞好质量工作,在组织、指挥生产中,认真贯彻执行项目部的质量发展规划和质量总目标。

② 组织指挥部定期的质量检查及重点工程质量的抽查。

③ 检查项目部工程施工计划执行情况时,同时检查工程质量的保障工作,对施工中带有普遍性的质量问题及时召开质量分析会,制定措施,并组织落实。

(3) 指挥部(项目部)总工程师的质量管理责任

① 在指挥长(项目经理)的领导下,负责项目的工程技术、质量管理、测量试验工作,对工程质量负技术责任。

② 组织编制项目实施性施工组织设计,制定技术、质量管理措施。完善各级技术人员岗位职责。

③ 解决影响工程质量和产品质量的技术问题,根据工程质量存在的薄弱环节,带领技术人员和工人进行现场质量攻关。

④ 制定指挥部科技发展计划,组织"四新技术"的推广应用。

⑤ 对未按质量要求和有关规定要求采购的原材料,构(配)件产品,有权对责任者提出处理意见。

(4) 施工技术部门的质量管理责任

① 按照指挥部制定的质量计划和目标,合理科学地组织施工。

② 管理中,做好预防性的质量控制。

③ 做好工程技术的档案管理,检查施工中技术、质量资料的及时性、齐全性、真实性,保证工程质量的总评定。

④ 参加质量检查和质量分析会，纠正违章施工，处理质量事故，及时解决工程质量上的技术问题，组织各工序技术交底并检查落实情况。

(5) 安全质量部门的质量管理责任

① 负责项目的质量管理监控工作，贯彻执行国家和上级部门颁发的规范、规程和各项质量标准，检查施工质量，纠正违章施工，必要时下达整改通知书和停工命令，及时向领导反映工程质量情况和提供必要的事实和数据。

② 协助领导组织季度质量检查或不定期的质量抽查，对查出的问题，及时采取有效措施并督促落实整改。

③ 严把质量关。组织原材料、成品、半成品质量的检验确认，对工序质量全过程检验评定。

(6) 设备物资部门的质量管理责任

① 做好机械设备的管理维修工作，提高机械设备的完好程度，对由于机械设备原因造成的工程质量事故负责。

② 按规定对特种工组织培训、考核，取得当地政府劳动部门颁发的操作证后，持证上岗。

③ 建立机械设备的技术档案，及时记录调试、使用、维修保养情况，实行专机专人，保证在施工中正常运行。

④ 所供材料必须符合国家的有关标准规定。

⑤ 建立材料、设备的检查验收制度，凡购进的材料、成品、半成品都必须要有技术人员、质检人员、订货人员及现场工程主管共同验收认可、质量符合要求后方可成批进场。

⑥ 对材料、设备采购质量负全责，发现不合格的材料必须及时组织清退，严禁不合格材料、设备用于工程中，同时应抓好材料、设备的现场管理工作。

(7) 项目试验室的质量管理责任

① 严格执行国家的标准、规范、规程，认真检验原材料、成品或半成品及构件的质量。

② 及时为送检的型钢、混凝土、砂浆试块、砂、石、钢筋试件等

进行检验，并准确及时的提供试验报告，定期做出试块(件)的分析报告，报主管领导和有关部门，为正确判断和及时掌握工程质量提供依据。

③ 指导现场试验室的工作，监督检查施工单位材料的合理使用情况，有权禁止使用不符合质量要求的材料。

④ 做好检验、试验资料的整理保管工作，及时提供成果资料，并对检验成果定期进行数理统计和分析，提出改进质量的意见。

(8) 测量队职责

① 负责工程项目的控制测量、施工测量和施工放样工作。

② 在施工技术部指导下，对合格产品进行验工量测计量。

(9) 专职质检员的质量管理责任

① 对工程质量全过程认真检查，严格把原材料、工序质量关，对工程质量负监督检查的责任。

② 搞好隐蔽工程的检查验收签证工作，随时抽查原材料的质量情况，抽查混凝土、砂浆配比，对不按规范要求施工的有权责令其停产返工。

③ 验证工程质量时，要在自检的基础上进行，无自检的不予验评，在验评中要严格掌握标准，对评定的分项、分部质量等级负责。

(10) 班组长质量管理责任

① 严格按图纸施工，帮助本组人员练好基本功，不断提高操作技能，定期组织考核，保证工程质量符合质量标准。

② 做好本组工程质量验评，搞好现场的文明施工，保持良好的生产秩序和作业环境。

③ 对本组施工的工程，质量不合格的应主动组织返工，直到达到质量标准为止。

(11) 操作工人的质量责任

① 做到“三懂四会”。三懂即懂性能、懂质量标准、懂操作规程；四会即会看图、会操作、会检测、会维修。做到熟悉图纸，按图施工，做好自检记录。

② 严把质量关,不合格的材料不使用,不合格的工序不交接,凡不按图纸、规范、技术交底施工而造成的质量事故负操作责任。

5.2.2 质量保证程序

从建立严格的质检程序、原材料控制、现场质量控制和检测三个方面着手,严把质量关,确保质量目标实现。

(一) 建立严格的质检程序。

(1) 严格落实自检、互检、专检制度:在工序交接管理上,严肃对待工艺纪律,上道工序不优良不准进入下一道工序,每个环节工序质量服从总体质量,做到从严要求、从严控制、从严把关。

(2) 特殊作业人员及各类管理人员做到持证上岗操作,投入施工的所有设备,机具检测仪器及计量器具合格有效,为工程质量提供可靠保证。

(3) 项目部设专职材料工程师和检验员,严把设备、材料的进场关、检验关,将可能出现的质量问题消灭在源头。

(4) 项目开工后,除组织月检外,每周组织一次质量大检查。对检查中发现的问题,及时下达整改通知书并明确人员跟踪检查实施效果。

(二) 原材料控制

(1) 物资部门要严格把好质量关,各种进场材料有检查验收制度,坚持不合格的材料不采购、不验收、不发放,保证各种材料符合规定的质量标准。

(2) 工程中由甲方招标选定厂商供应的物资,物资部门也须核查出厂合格证和检验报告或质保书。

(3) 钢材除需具有合格证和抽样检验合格报告外,还须进行对焊接头焊接试验。

(4) 砂、石在开工前取样送验、检验合格后定料源,并在供料中随时抽样检验。

(5) 工程其他主要材料必须有出厂合格证和检验报告,每进一批必须按规定抽检,抽样数量满足规范规定。

(三) 现场质量控制

(1) 测量放线以建设单位提供的现场桩位和资料为依据，强测至施工现场，并布设方格控制网。测量结果经现场监理工程师或甲方代表复测认可签证后使用。

(2) 坚持隐蔽检查验收签证制度，做到每步工序得到各方人员签证后，再进行下步工序。

(3) 质检员是现场工区的质量负责人，对每个分项和分部工程按检查记录如实填写。

(4) 商品混凝土施工中确保混凝土坍落度、和易性。试验员抽查坍落度每工作班两次以上，制作混凝土试块，并填写混凝土施工日记。

(5) 模板支撑具有足够的强度、刚度和稳定性。混凝土施工前，由专职质检员检查模板的平直度、垂直度、拼接缝和宽度等是否符合要求，否则不得进入下道工序。

(6) 主管工程师和质检员，对预留洞、管、预埋件及本工程设备安装所需预留的设备基础，仔细核对，无误后方可施工。

(7) 防水层施工中，每道工序完成后，由专人进行检查，合格后进行下道工序的施工。

(8) 设备安装工程具有完整的质量资料，其中包括各工序安装测量记录、隐蔽工程验收记录和质量评定等资料。

5.2.3 质量保证体系及措施

为保质保量地按期完成施工任务，使业主满意，投标人针对工程的特点，制定各项措施，从思想、组织、技术、施工、经济等各方面进一步完善质量保证体系。

(一) 质量保证思想措施

包括提高质量意识，树立质量第一，为客户服务的思想，制定教育培训计划。

(1) 各部门要密切配合，宣传创优的重要意义。树立主人翁的荣誉感、责任感和使命感。

(2) 把创优工作列入各级工程会、总结会的重要议程，及时总结创优经验，分析存在问题，引导创优工作健康发展。

(3) 在评先、评模、劳动竞赛评比中把质量创优作为重要内容,实行一票否决权。

(二) 质量保证组织措施

为确保工程创优目标的实现,从指挥长至班组长,分层签订质量责任状,明确各级责任,将质量目标细化到工序,分解到分部分项工程和作业班组,并建立和完善质量保证体系。

(1) 成立全面质量管理领导小组,项目经理亲自抓,配齐专职质检工程师和质检员,制定相应的对策和质量岗位责任制,推行全面质量管理和目标管理,从组织措施上使创优计划真正落到实处。

(2) 坚决实行一票否决权。对构成不合格分项的要素及构成分部工程的分项必须进行返工。凡构成不合格分项工程的要素流入下道工序,对班组长实行责任追究;对需返工处理所造成的工程量增大、工期拖延,均对责任施工班组及个人按一定比例进行罚款处理(取消奖金或冲销抵押金),经上述一系列措施的实施,体现质量一票否决权的权威性。

(3) 全面实行样板制。施工操作中注重工序的优质、工艺的改进和工序的标准化作业,通过不断探索,积累管理和操作经验,提高工序的操作水平,确保每道工序的质量。

尤其在每个分项工程或工种(特别是大面积分项工程)开始大面积操作前均做出示范样板。通过上述施工过程的样板墙、样板件等示范做法,使施工达到统一操作要求,明确质量标准。达到创优标准后,再全面组织施工。

(三) 质量保证技术措施

加强技术培训,实行计算机网络计划技术,推行全面质量管理,强化 ISO9001 系列标准。

(1) 严格按照施工规范及有关规定组织施工,项目上场后立即结合工程特点和创优计划,制定各类工艺和技术质量标准细则。

(2) 坚持设计文件图纸会审和技术交底制度,在严格审核的基础上由技术人员向施工人员进行四交底,即:施工方案交底、设计意图交底、质量标准交底、创优措施交底,并有记录。使每个工种、每道工序，在施工前，项目部对各施工队、施工队对班组长、班组长对作业人员都认真进行技术交底，交底以书面形式(除特殊情况，事后补办文字材料外)进行，并有交底人与被交底人签字记录，以确保技术交底在严格程序的基础上得到执行。如因技术措施不当或交底不清而造成质量事故的，追究有关部门和人员的责任。

(3) 认真贯彻ISO9001标准，工程施工中做到每个施工环节都处于受控状态，每个过程都有《质量记录》，施工全过程有可追溯性，要定期召开质量专题会，发现问题及时纠正，以推进和改善质量管理工作，使质量管理走向标准化。

(4) 技术资料详实，能够正确反应施工全过程并和施工同步，同时满足竣工验交的要求。

(5) 项目部要组织编制实施性施工组织设计并加以落实，抓好重点工艺流程、重点环节的控制，并注意积累资料，为申报优质工程做积极准备。

(6) 同设计单位、监理单位联合创优。按规定办理各类变更设计并做到签证手续齐全。

(7) 加强专业技术工种岗位培训，提高实际操作水平。

(四) 质量保证施工措施

(1) 项目要坚定不移地贯彻执行国家的建设工程质量验收规范，严格执行行政主管部门的质量管理规定，经常对职工进行“百年大计，质量第一”的教育，提高全员的质量意识。使全体职工以主人翁的态度自觉地搞好工程质量。

(2) 职能部门要加强质量管理，修订和完善各项管理制度，制定和实施创优目标、措施。

(3) 对工程质量好、责任心强的科室或个人要给予表扬，并按项目部规定给予奖励，对违章作业、盲干蛮干、弄虚作假、责任心不强、不听劝告、造成工程质量事故、影响项目部信誉的，要给予严厉批评，按规定进行处罚，对在施工中忽视质量的倾向，任何人都有权制止。

(4) 各部室要加强自检、互检、交接检的工作，在质量上争创

"信得过"班组。工地质检员要会同项目经理、质检部门和现场监理做好检验批、分项、分部工程的质量检查验收工作。工程任务的结算要与工程质量紧密挂钩,未经检查验收的分项、分部工程不得签字结算。

(5) 发生质量事故,要坚持"三不放过"的原则,认真进行处理,凡有经济损失的质量事故,必须及时书面呈报指挥部,现场在一年内发生重大质量事故一起者,取消其年终质量先进单位的评比资格。

(6) 严把质量关,班组要做班组前的技术、质量交底,班组检查,班后讲评,发挥职工的能动性,鼓励技术改革和技术革新。

(7) 质检员、试验员要经常深入施工现场,发挥监督检查作用,并在检查中善于发现问题,解决问题,协助搞好各施工单位之间、各工序之间的交接手续,参加各分项工程的隐蔽检查验收,并按规定做好中间验收和竣工验收的交工资料,填写好施工日记。

(8) 每项工程在开工前编写的施工组织设计或施工方案,必须提出质量要求,制定保证质量的措施。对重要的分项、分部工程必须用书面形式进行技术、质量交底。对基坑支护、地下防水、屋面防水等重点分部分项工程的施工要严格签署施工命令。

(9) 做好施工过程中的原始记录,建立技术档案,执行施工部位挂牌制,在施工进度上,对主要工种如钢筋、混凝土、模板、砌体、抹灰、管道安装等在施工现场均实行挂牌制,具体内容包括:完成工种任务、范围、操作程序、质量标准、管理者、操作者、施工日期等,在实施过程中,由现场负责人做相应的图文记录,以此作为重要的施工档案保存,以备查阅。现场不按规范、规程施工而造成质量事故的追究有关人员的责任,做到谁施工谁负责。

(10) 高、难、尖、精的分项工程要制定单项的施工方案,大力开展 TQC 活动,组织技术力量攻关,确保工程质量。

(五) 质量保证经济措施

实行责任成本包干、制定奖罚措施、完善计量支付手续、优质优价落实经济责任制。

(1) 预留预算一定比例作为创优保证金，实行优质优价，创优保证金由总工程师组织有关部门负责实施。

(2) 把质量作为考核项目经理、项目总工程师的主要内容。

(3) 对于违章施工、粗制滥造、偷工减料、使用不合格材料的行为，质检工程师有现场处罚权。

(4) 签订创优合同，把创优工作内容形成条款，严格履行；项目长、总工分别与项目及所属分部工程行政及技术主管签订奖惩合同，以工程质量包保合同形式促进工程创优。

5.2.4 工程质量监督程序

(一) 自检程序

各施工队的每一个操作者对自己施工的工程应随时进行自检，发现有不合格的及时返修，不留质量隐患。每道工序施工完成后必须进行自检，合格后方能进行下道工序的施工，并将自检实测数据填写在自检记录上，交质检员复查核定。在完成一个分项工程后，班组长及兼职质检员应及时组织自检，认真填写自检记录，分别送交工程技术负责人或专职质检员。

(二) 互检程序

施工班组或操作者所施工的工程应相互进行检查，发现不合格处应及时通报，加以改正。项目经理或总工程师、质检工程师应及时组织班组长、质量检查员、操作者互相检查，促进“三工序”(督促上道工序、搞好本道工序，服务下道工序)、互检活动的开展。

(三) 交接检程序

树立为下道工序服务的思想，工序交接检查在双方自检的基础上进行抽查认定，方能办理工序交接检手续，凡不符合质量要求的，不得办理交接手续。

班组内工序交接，由班组长或兼职质检员负责，班组间的交接必须由项目负责人或技术员组织进行。土建与安装工程交接时，应提供土建有关资料。前道工序施工中，如发现质量问题，造成重大缺陷无法补救时须经设计单位或监理工程师签署意见后，方可进行下道工序的施工。

（四）隐蔽工程检查程序

隐蔽工程，要在隐蔽前严格检查，以防止质量隐患的存在。

隐蔽工程在隐蔽以前，班组长必须自检，自检合格后交给技术人员或质检员填写隐蔽记录，经监理工程师签字认可方能施工。

（五）质量事故的报告程序

事故报告：发生重大质量事故，施工单位应以书面形式及时向指挥部安全质量部报告，安全质量部及时报告上级主管部门。一般质量事故，班组提出质量事故报告，并及时向指挥部安全质量部报告备案。发生质量事故后，必须填写质量事故报告表，表中应填写清楚质量事故类别。

处理事故的程序：重大质量事故，由指挥长、总工程师主持，组织有关职能部门成立调查小组，及时进行调查、分析和处理。一般事故，由现场经理、项目总工程师组织调查、分析和处理，并吸取教训，由项目、班组组织进行质量教育，防止类似事故再发生。

5.2.5 质量承诺

（一）质量目标承诺

大型集群工程项目的质量目标是：工程质量达到国家现行的《建筑工程施工质量验收统一标准》。工程一般性的建筑物须达地市优良样板工地标准，主要标志性的建筑物达省优良样板工地标准、同时争创鲁班奖。

检验批、分项工程一次验收通过率、分部（子分部）验收合格率、确保混凝土强度、钢筋保护层实体检测达标率、使用功能检测通过率均应达到100%。

（二）质量保修承诺

承包人承担的质量保修范围为承包人负责施工的部位及承包人负责督促分包单位施工的部位。

1. 质量保修期

根据《建设工程质量管理条例》规定，约定工程的质量保修期如下：

（1）地基基础工程和主体结构工程为设计文件规定的该工程

合理使用年限;

(2) 屋面防水工程、有防水要求的卫生间、房间和外墙的防渗漏为5年;

(3) 装修工程为2年;

(4) 电气管线给排水管道、设备安装工程为2年;

(5) 道路等配套工程为1年;

(6) 其他项目保修期限按《建设工程质量管理条例》执行。质量保修期自工程竣工验收合格之日起计算。

2. 质量保修责任

(1) 属于保修范围和内容的项目,承包人应当接到修理通知之日起及时派人保修。承包人不在约定期限内派人保修的,发包人可以委托他人修理。

(2) 发生须紧急抢修事故的,承包人在接到事故通知后,应当立即到达事故现场抢修。

(3) 对于涉及结构安全的质量问题,应当按照《房屋建筑工程质量保修办法》的规定,立即向当地建设行政主管部门报告,采取安全防范措施;由原设计单位或者具有相应资质等级的设计单位提出保修方案,承包人实施保修。

(4) 质量保修完成后,由发包人组织验收。

3. 保修费用

保修费用由造成质量缺陷的责任方承担。

(三) 工程质量回访承诺

(1) 成立质量回访领导小组,组长由总工程师担任,组员由各现场经理、主管工程师,施工技术科、安全质量环保科的有关人员组成。

(2) 回访小组对交付使用的工程:半年组织1次回访,工程使用满1年再进行1次回访,回访可分为直接回访、信访、电访等多种形式。

(3) 回访中认真征求用户对工程质量的意见,了解工程的使用功能和质量情况,分析质量通病,研究改进措施。

(4) 回访中发生的问题,要认真填好回访单,限定处理时间,处理完后,由用户签字认可,为工程结算提供意见。

(5) 用户在使用过程中,如发现质量问题,承包人应树立"急为用户所急","想为用户所想"的思想,做到及时派人不拖延,随叫随到,及时处理,保证用户满意。

5.3 项目质量与检验的合同管理

5.3.1 工程质量

(一) 工程质量标准

(1) 质量验收以国家或行业的质量验收统一标准为依据。评优标准以现行优良样板工程评选办法为依据。

(2) 工程质量超过约定标准的,发包人应当给予奖励。质量奖励办法按照有关文件的规定执行;工程质量未达到前款约定标准,且是因承包人原因造成的,承包人按照有关约定向发包人承担违约责任。

(3) 承包人必须确保工程一次验收合格。因承包人原因致工程未一次验收合格并导致工程不能按计划工期办理竣工验收的,承包人按有关条款承担违约责任。

(二) 工程质量争议与鉴定

双方对工程质量有争议,同意依据《建筑工程施工质量验收统一标准》(GB 50300—2001),由当地建设工程质量安全监督站鉴定。

(三) 工程质量保证体系

承包人应当完善质量管理制度,建立质量控制流程,进行全面质量管理(TQC),以 2000 版的 GB/T 19000《质量管理与质量保证》为标准,建立并保持一个健全的工程质量保证体系,并遵守业主制定《工程质量管理办法》。为此,承包人必须做到但不限于:

(1) 建立完整的质量保证体系,委派专人负责工程质量管理,项目经理部、工区(段)设有专职质检人员,班组设质检员,于合同签订后及时将上述人员报总监理工程师备查。

(2) 承包人提交总监理工程师批准的施工组织设计或者施工方案必须附有完备的工程质量保证措施,包括:工程质量预控措施,工序质量控制点,工程的标准工艺流程图和技术、组织措施,重点分部(项)工程的施工方法,材料、制品试件取样及试验的方法或方案,成品保护的措施和方法,质量报表和质量事故的报告制度,等等。

(3) 单项工程开工前,承包人必须对职工进行技术交底,组织学习有关规程、规范和工艺要求,在施工中必须按规程和工艺进行操作。

(4) 单项工程和重要部位都必须遵循先试验后铺开施工的程序,开工前承包人应完成施工组织设计和必要的施工准备,送总监理工程师审查批准后方可进行试验性施工,完工后由总监理工程师检验,符合要求后才能铺开施工或者批量生产。

(5) 执行材料试验制度和设备检验制度。必须设立工地实验室,配备足够的试验及检测仪器、仪表,并及时校正,保证其应有的精度。要加强质量自检,检测频率要高于规范要求。

5.3.2 检查和返工

(一) 对承包人采购的工程材料、设备及采用的工艺的查验。

(1) 实施工程的一切材料、设备及工艺,都必须符合工程设计及技术标准、规范的要求,并应当在用于工程之前经过检验或试验,不合格的不得使用。承包人要建立检验、试验制度,随时按总监理工程师的要求,在材料、设备的制造、加工,或制配地点,或施工场地进行检验或试验,并应提供一切正常需要的手段,在材料、设备及工艺用于工程之前提供样品、样件,按照总监理工程师的选择和要求进行检验或试验。

(2) 总监理工程师有权在施工场地、库房以及为工程生产、加工、制配材料、设备的地点(无论这些地点是否属于承包人管辖)检查和检验按合同提供的材料、设备。承包人应为总监理工程师的检查和检验提供一切便利,包括提供人员和设备、材料等。总监理工程师或发包人的检查结果证明该材料、设备不符合合同要求的，必须拒绝这些材料、设备的使用，立即通知承包人并说明拒绝的理由。承包人在接到总监理工程师的通知后必须立即更换被拒绝的材料、设备。承包人拒不执行上述指令，则发包人有权雇佣他人实施，其费用及由此产生的其他费用由承包人承担，发包人可以从将要付给承包人的款项中收回，由总监理工程师通知承包人并抄送发包人。期间所发生的费用由承包人承担。

发包人和总监理工程师认为有必要的，有权对已检查、检验过的材料、设备进行重复检查、检验，承包人应遵照执行。重复检查、检验的程序和内容适用前款约定。

(3) 在施工过程中，总监理工程师有权随时对工程材料、设备的使用进行抽查，包括成品、半成品、器具、设备、附件、小五金等。抽查范围、比例、数量、批次及检查深度可比照国家现行施工质量验收规范和相关规定有所提高。

工程材料、设备的质量依据下列顺序之标准认定：

① 工程设计图纸规定的设计标准；

② 招投标时确定的规格、技术指标、质量标准、品牌等；

③ 经设计单位、监理单位、承包人、发包人共同认定的产品封样、样板(包括样板房等)；

④ 国家或行业强制执行的技术标准、技术规范。

工程材料、设备的抽查、检验结果与约定不符的，总监理工程师必须扩大对该批材料的抽查范围、增加数量抽检。承包人必须在发包人或监理人书面通知的限期内全部无条件拆除、更换，并运出施工现场；由此所造成的工期延误、费用增加等一切损失均由承包人承担。同时，承包人还应当按照有关约定承担违约责任。

(4) 承包人对材料、设备的试验、检验的费用自行承担。总监理工程师对材料、设备或工程进行检查、检验的费用由承包人负担。总监理工程师或发包人进行重复检查、检验的，检查、检验的结果证明材料、设备或工程不符合合同、技术规范要求的，按有关条款执行，费用由承包人负担；符合合同、招标文件、技术规范要求的，费用由发包人负担。

(5) 发包人可以委托国家质量检查机构或其他法定检验机构对工程材料、设备的生产、制造、安装、储运全过程进行第三方检查、检验，承包人必须接受并提供便利条件。对检查出不符合有关条款标准要求，按该条款执行，检测费用由承包人负责。若符合有关条款标准要求，检测费用由发包人承担。

(二) 检查和返工的其他约定

(1) 承包人应当按照发包人、总监理工程师及有关规范要求，对施工各工序报验检查的质量控制点，先自检后报请总监理工程师复检。总监理工程师在接到承包人的自检结果后，应当及时复检。经复检发现存在质量问题的，则该工序质量为不合格，承包人必须全部返工，由此所产生的工期延误和费用增加等全部损失，由承包人承担，并由承包人按照有关条款承担违约责任。

(2) 总监理工程师发现工程存在重大质量问题时，必须立即下达停工整改令。承包人必须在规定时间书面提出整改措施，经总监理工程师和发包人批准后实施整改，由此所产生的工期延误和费用增加等全部损失，由承包人承担。承包人拒绝整改的，发包人有权暂停拨付工程款，并将未完工程另行发包。

(3) 承包人承诺：无论总监理工程师对工程是否进行并通过了各项检验，均不解除承包人对其承包的工程的质量所负责任，除非质量问题是由于非承包人责任原因引起，而此类质量问题承包人须及时通知总监理工程师。在采用承包人设计的施工图施工和由承包人自行采购的材料、设备时，设计和制造所引起的质量责任由承包人承担。

(4) 承包人承诺：无论工程材料是由承包人自行供应或是由发包人指定的供应商供应，均不解除承包人所负的工程全面质量的责任。承包人应该对各种材料按规范进行检查验收，拒绝不符合要求的材料用于工程。无论何种原因，出现不合格材料用于工程的情况，均由承包人承担应有的责任。

(5) 承包人应保证按照国家、地方、行业的有关规定，准确、及时做好日常工程技术资料的记录、整理和归档工作，保证记录中原始数据的真实性和及时性，监理单位或发包人有权抽查承包人日常工程技术资料的整理工作，若发现未按照规定及时做好资料整理工作，则按照有关约定承担违约责任。

(6) 若发现原始记录数据不存在、不真实，经监理单位确认，发包人有权拒绝相应部分工程的工程量计量与支付，并视情节轻重，按照有关条款承担违约责任，直至解除部分或全部合同。

5.3.3 隐蔽工程和中间验收

(1) 双方约定中间验收部位：按当地建设行政主管部门的有关文件执行。验收程序按《合同通用条款》的规定执行。验收人员组成：发包人、总监理工程师、承包人及后续关联工程承建等有关单位。

(2) 隐蔽工程或中间验收部位未经总监理工程师验收合格，不得隐蔽或继续施工。否则，该部分工程被视为不合格，由此所产生的返工费用由承包人承担。

6 项目成本

6.1 项目成本控制的基本要求

1. 一般规定

(1) 项目成本控制包括成本预测、计划、实施、核算、分析、考核、整理成本资料与编制成本报告。

(2) 项目经理部应对施工过程发生的、在项目经理部管理职责权限内能控制的各种消耗和费用进行成本控制。项目经理部承担的成本责任与风险应在“项目管理目标责任书”中明确。

(3) 企业应建立和完善项目管理层作为成本控制中心的功能和机制,并为项目成本控制创造优化配置生产要素,实施动态管理的环境和条件。

(4) 项目经理部应建立以项目经理为中心的成本控制体系,按内部各岗位和作业层进行成本目标分解,明确各管理人员和作业层的成本责任、权限及相互关系。

(5) 成本控制应按下列程序进行:

① 企业进行项目成本预测。

② 项目经理部编制成本计划。

③ 项目经理部实施成本计划。

④ 项目经理部进行成本核算。

⑤ 项目经理部进行成本分析并编制月度及项目的成本报告。

⑥ 编制成本资料并按规定存档。

2. 成本计划

(1) 企业应按下列程序确定项目经理部的责任目标成本:

① 在施工合同签订后,由企业根据合同造价、施工图和招标文件中的工程量清单,确定正常情况下的企业管理费、财务费用和

制造成本。

② 将正常情况下的制造成本确定为项目经理的可控成本,形成项目经理的责任目标成本。

(2) 项目经理在接受企业法定代表人委托之后,应通过主持编制项目管理实施规划寻求降低成本的途径,组织编制施工预算,确定项目的计划目标成本。

(3) 项目经理部编制施工预算应符合下列规定:

① 以施工方案和管理措施为依据,按照本企业的管理水平、消耗定额、作业效率等进行工料分析,根据市场价格信息,编制施工预算。

② 当某些环节或分部分项工程施工条件尚不明确时,可按照类似工程施工经验或招标文件所提供的计量依据计算暂估费用。

③ 施工预算应在工程开工前编制完成。

(4) 项目经理部进行目标成本分解应符合下列要求:

① 按工程部位进行项目成本分解,为分部分项工程成本核算提供依据。

② 按成本项目进行成本分解,确定项目的人工费、材料费、机械台班费等直接工程费,措施费和间接费的构成,为施工生产要素的成本核算提供依据。

(5) 项目经理部应编制"目标成本控制措施表",并将各分部分项工程成本控制目标和要求、各成本要素的控制目标和要求,落实到成本控制的责任者,并应对确定的成本控制措施、方法和时间进行检查和改善。

3. 成本控制运行

项目经理部应坚持按照增收节支、全面控制、责权利相结合的原则,用目标管理方法对实际施工成本的发生过程进行有效控制;根据计划目标成本的控制要求,做好施工采购策划,通过生产要素的优化配置、合理使用、动态管理,有效控制实际成本;加强施工定额管理和施工任务单管理,控制活劳动和物化劳动的消耗;加强施工调度,避免因施工计划不周和盲目调度造成窝工损失、机械利用率降低、物料积压等而使施工成本增加;加强施工合同管理和施工索赔管理,正确运用施工合同条件和有关法规,及时进行索赔。

4. 成本核算

(1) 项目经理部应根据财务制度和会计制度的有关规定,在企业职能部门的指导下,建立项目成本核算制,明确项目成本核算的原则、范围、程序、方法、内容、责任及要求,并设置核算台账,记录原始数据。

(2) 施工过程中项目成本的核算,宜以每月为一核算期,在月末进行。核算对象应按单位工程划分,并与施工项目管理责任目标成本的界定范围相一致。项目成本核算应坚持施工形象进度、施工产值统计、实际成本归集"三同步"的原则。施工产值及实际成本的归集,宜按照下列方法进行:

① 应按照统计人员提供的当月完成工程量的价值及有关规定,扣减各项上缴税费后,作为当期工程结算收入。

② 人工费应按照劳动管理人员提供的用工分析和受益对象进行账务处理,计入工程成本。

③ 材料费应根据当月项目材料消耗和实际价格,计算当期消耗,计入工程成本;周转材料应实行内部调配制,按照当月使用时间、数量、单价计算,计入工程成本。

④ 机械使用费按照项目当月使用台班和单价计入工程成本。

⑤ 其他直接费应根据有关核算资料进行账务处理,计入工程成本。

⑥ 间接成本应根据现场发生的间接成本项目的有关资料进行账务处理,计入工程成本。

(3) 项目成本核算应采取会计核算、统计核算和业务核算相结合的方法,并应做下列比较分析:

① 实际成本与责任目标成本的比较分析。

② 实际成本与计划目标成本的比较分析。

(4) 项目经理部应在跟踪核算分析的基础上,编制月度项目成本报告,上报企业成本主管部门进行指导检查和考核。

(5) 项目经理部应在每月分部分项成本的累计偏差和相应的计划目标成本余额的基础上,预测后期成本的变化趋势和状况;根据偏差原因制定改善成本控制的措施,控制下月施工任务的成本。

5. 成本分析与考核

(1) 项目经理部进行成本分析可采用下列方法:

① 按照量价分离的原则,用对比法分析影响成本节超的主要因素。包括:实际工程量与预算工程量的对比分析,实际消耗量与计划消耗量的对比分析,实际采用价格与计划价格的对比分析,各种费用实际发生额与计划支出额的对比分析。

② 在确定施工项目成本各因素对计划成本影响的程度时,可采用连环替代法或差额计算法进行成本分析。

(2) 项目经理部应将成本分析的结果形成文件,为成本偏差的纠正与预防、成本控制方法的改进、制定降低成本措施、改进成本控制体系等提供依据。

(3) 项目成本考核应分层进行:企业对项目经理部进行成本管理考核;项目经理部对项目内部各岗位及各作业队进行成本管理考核。

(4) 项目成本考核内容应包括:计划目标成本完成情况考核,成本管理工作业绩考核。

(5) 项目成本考核应按照下列要求进行:

① 企业对施工项目经理部进行考核时,应以确定的责任目标成本为依据。

② 项目经理部应以控制过程的考核为重点,控制过程的考核应与竣工考核相结合。

③ 各级成本考核应与进度、质量、安全等指标的完成情况相联系。

④ 项目成本考核的结果应形成文件,为奖罚责任人提供依据。

6.2 项目成本保障措施

6.2.1 材料消耗控制

工程实施过程中,各生产要素逐渐被消耗掉,工程成本逐渐发生。由于施工生产对生产要素的消耗巨大,对它们的消耗量进行控制,对降低成本有着明显的意义。工程材料消耗控制主要抓好定额管理、材料供应计划、限额领料和分包控制等工作。

建立工程材料逐日消耗统计制度,涉及计划、技术、成本、物资等部门,不是物资部门单纯统计的问题,各部门必须各负其责,密切配合,加强协调,将本部门的工作做实做细,一个部门出现纰漏,统计数字失真,就会导致决策偏差、失误。

建立健全工程材料逐日消耗统计制度,要结合项目的实际情况,制定具体的实施办法,实现工程材料消耗的预控,达到管理水平和经济效益的提高。

6.2.2 劳务分包

为规范外部劳务管理,合理选择外部劳务队伍,降低劳务成本,防止劳务纠纷,在选择外部劳务队伍时必须通过招标方式竞价录用。

由成本管理部门负责外部劳务招标的有关工作,制定劳务招标有关办法和规定,建立外部劳务队业绩档案,审批重点工程项目外部劳务队伍的招标录用结果。

项目部负责外部劳务队的招标录用工作,组成以项目经理为组长,项目书记、总工和预算、技术、物资、财务部门负责人参加的招标小组,具体工作由合同相关部门负责。一般宜采用邀请招标方式,对个别工期较短或项目复杂的工程,报公司同意后可以议标。

招标小组根据劳务队提供的报价、承诺、业绩、主要施工人员和机械设备进行评议,并对劳务队进行考察,确定中标录用的劳务队伍。重点工程的外部劳务录用,报公司主管部门和分管领导审批。

外部劳务队一般实行综合劳务单价承包,合同单价不得突破公司成本管理部门批复的责任预算单价。外部劳务队必须与项目部签订合同后方可进场施工,项目部可收取外部劳务队一定比例的履约保证金。

建立合格劳务分包方评审制度,定期发布合格分包单位名册。

6.2.3 验工计价与清算

为规范项目部对劳务队的验工计价和清算工作,维护劳务合同签约双方的合法权益,防止拖欠工程款和超付款,及时准确反映项目真实的成本状况,须制定劳务队验工计价管理办法。

项目部须按月(或季)对劳务队办理验工计价。已完工程计价数量由现场技术人员提出,技术部门负责人审核,项目总工程师签署明确的意见;物资部门依据材料消耗逐日登记台账汇总提出当月(或季)劳务队材料消耗数量;设备管理部门提出当月(或季)劳务队机械设备使用台班和施工用水、电数量;项目经理和劳务队负责人对计价数量、材料消耗量、机械使用台班等共同签字确认,合同预算部门按照计价工程量和劳务合同单价与条款对劳务队办理计价,同时应计算计价期内劳务队应耗材料、应耗水电等,并经物资、设备等部门再次核实,考核项目部对劳务队供应材料的节超,依据劳务承包合同实施奖罚,项目经理签认后报送财务部门。劳务队合同范围内工程完工后;应及时办理末次计价结算,并签订末次结算协议。

项目部在计价后应及时支付劳务队伍的劳务费用,并采取有效措施保证工资部分能够直接支付到工人手中。财务部门应将劳务队收支情况和资金拨付情况及时提供给项目经理,防止超付款。对超责任预算工程量和劳务队合同外工程量,技术部门必须说明原因,合同预算部门重新分析确定单价。凡因自身工作失误和擅自计价造成损失,按有关办法给予严肃处理。加强施工过程质量监控,已完工程经过验收检查,计价时不再扣劳务队工程质量保证金。

项目部各业务部门在每次办理计价后必须及时登记,建立劳务队计价和拨款台账。

6.2.4 变更设计与索赔管理

工程变更、索赔补差工作贯穿于施工的全过程,是优化施工方案,加快工程进度,提高经济效益的主要途径。

在项目施工阶段,设计修改、施工方案改变、施工返工等情况是不可避免的,由此会引起原合同预算成本发生增减变化。施工企业应依据设计变更单或新的施工方案、返工记录,及时编制增减账,并在相应的台账中进行登记。为此,公司相关部门及派出机构要主动积极指导、协助项目部做好工程变更、索赔补差工作。公司确定牵头部门负责制定工程变更、索赔补差制度,指导、检查和监督项目部工程变更、索赔补差工作;参与重大变更、索赔补差的谈判工作。项目部是变更、索赔补差的直接责任单位,根据本项目特点,负责工程变更、索赔补差方案的制定,策略的审定,文件的编写、审查和签发以及基础资料的整理,并直接负责索赔谈判工作。对参与工程变更、索赔补差的有关人员制定具体的奖励办法并及时兑现。

索赔是保护施工企业合法权益和非责任损失的必要补偿,搞好索赔,可以防止效益流失。索赔工作应贯穿施工过程的始终,成为经常性工作。从签订合同开始,直到合同的结束,全过程都应该采取有力措施,建立索赔业务管理制度。在施工企业内部还应该成立专门的索赔和合同管理小组。在工作程序上,项目部应根据公司制定的变更、索赔升差制度及有关规定,结合项目特点,制定工程变更、索赔补差指导书,明确项目工程变更、索赔差的工作程序、思路和方法,指导基础资料的收集和台账的建立。项目部要认真研究施工合同、招投标文件、设计图纸及有关资料,从中发现工程变更、索赔补差的机会,制定工程变更、索赔补差的具体目标。

资料是发现索赔机会、证明索赔事项真实性、计算索赔金额的依据,要认真收集现场施工条件、周围环境、各种会议记录、书面业务往来、会议纪要、照片、各类工程报告、工程进度计划以及工程核算、工程编标资料等,确保资料齐全、准确、及时、有效并建立各种资料台账妥善保管,做到工程变更、索赔补差资料齐全,证据翔实、计算准确、理由充分、符合实际。

工程变更、索赔补差工作要团结协作,分工负责,落实到人,并针对个人负责的工作范围制定具体的工作方法和工作措施。把握工程变更、索赔补差机会和技巧,及时采用书面形式通知业主或业主代表。加强公关工作,明确公关目的、措施和方法,确保工程变更、索赔补差目标的实现。

6.2.5 数据的复核

现场项目经理部必须建立完整的成本核算账务体系,应用会计核算的办法,在配套的专业核算辅助下,对项目成本费用的收、支、结、转进行登记、计算和反映,归集实际成本数据。据此,项目部要建立施工数据复核制度,纳入工作程序。经复核的数据有复核人的签字,并作为技术档案保存,以实现其可追溯性。

各类经济、技术数据的复核直接影响到企业的收入和项目的经济利益,为了避免出现遗漏性、技术性错误,企业必须认真做好这项工作。一般而言,工程数量复核,施工方案数据复核和测量试验数据复核是施工数据复核的重点。

工程数量复核包括:设计施工图纸工程数量复核;施工后工程计价工程数量复核;复核施工队计价工程数量。

施工方案数据复核包括:对于桥梁支架、挂篮、模板设计的数据必须经过复核;隧道爆破设计计算必须经过复核;施工现场相关工程(供电、供水、排水)设计数据必须经过复核;关键部位的施工设计必须经过反复复核后,才能使用;交底施工数据复核;施工前对已立好的模板进行尺寸复核;对隐蔽工程结构预埋件的位置、尺寸进行复核。

测量试验数据复核包括:对特大型桥梁、地形复杂或跨越河流的大桥,长距离的直线或曲线隧道,必须进行精密测量,并进行复核;测量放样做到有技术交底,桥梁孔跨必须拉钢尺复核,放样资料要由专业技术人员负责复核;测量放样换手复核,即复测和对同一结构物进行测量放样时,必须采用不同的方法或两人换手测量,测量资料和数据的计算须经两人交叉复核;线路贯通复测和特大桥、长大隧道的控制测量必须复核等。

6.2.6 责任成本的编制和分解

为规范项目责任预算的编制,提高责任预算的准确度,统一项目绩效考评的标准,必须严格执行企业责任预算编制管理办法。

责任预算管理一般实行“两级责任预算编制体制”。公司负责项目部责任预算的编制和调整,公司编制的项目责任预算是收取项目上交企业费用的法定依据,未编制责任预算,不得从项目收取企业费用和核批项目效益工资;项目部负责项目各责任中心责任预算的编制和调整,各中心责任预算是项目考核各中心成本控制效果,兑现效益工资的依据。

编制责任预算采用的定额为企业制定的成本定额。定额缺项部分可参考其他相近定额或自行补充分析,但须经上级成本管理部门批准方可使用。

成本管理部门是编制项目责任预算的责任部门,对项目责任预算的准确性负责,必须依据经公司总工程师或由其授权的委托人审批的施工方案、工程数量编制项目责任预算,不得随意高套或低套定额;施工方案和工程数量的审批责任人对项目上交企业费用和责任预算编制的准确性负连带责任。

项目合同预算部门是编制责任中心责任预算的责任部门,必须依据经项目总工程师审批的施工方案和工程数量编制各中心责任预算,并按季(或月)对各中心办理责任预算计价,考核各中心成本节超。两级责任预算均实行动态管理,对符合责任成本管理办法规定应该调整的事项,均需对责任预算进行调整。

6.2.7 岗位责任制

在项目机构组建阶段,施工单位要根据工程规模和专业特点,按照精干高效、一专多能的原则,配备班子成员,设置业务科室,确定人员编制,并以文件的形式予以明确。项目部要根据工作目标,建立分工明晰、责任到人、奖罚分明的岗位责任制,实现目标和责任的连锁。

岗位责任制的基本内容包括:一是按岗,即施工单位制定不同岗位系数和指导性的工资标准,依据投资规模测算工资总额,或者按岗位工资标准、总人数和总工期测算工资总额。二是联效,即项目部将工期、质量、安全、效益等指标,量化、分解到每个岗位,制定考核标准,逐月进行考核,得出每个岗位的分值。三是计酬,即项目部根据工资总额、岗位系数和考核得分,计算出每个岗位的岗位工资。

6.3 工程价款与支付的合同管理

为了加强计量支付与工程变更的管理,发包人应当为建设项目编制计量支付与变更管理办法,并与承包人达成一致,将管理办法构成合同的组成部分。当《合同专用条款》、《合同通用条款》的约定与该管理办法的规定发生冲突时,以该管理办法的规定为准。

6.3.1 涉及工程价款与支付的概念

(1) 合同价:是指在工程招投标阶段通过签订建筑安装工程承包合同所确定的价格。合同价属于市场价格,它是由承发包双方根据市场行情共同议定和认可的成交价格。计价方式采用工程量清单计价方式。

(2) 工程量清单:是指拟建工程的分部分项工程项目、措施项目、其他项目名称和相应数量的明细清单。依据《建设工程工程量清单计价规范》中统一项目编码、项目名称、计量单位和工程量计算规则进行编制,是招标文件的组成部分。工程量清单作为承包人进行投标报价的主要参考依据之一。

(3) 直接工程费:是指施工过程中耗费的构成工程实体的各项费用,包括人工费、材料费、施工机械使用费。

(4) 措施费:是指完成工程项目施工,发生于该工程施工前和施工过程中非工程实体项目的费用。包括环境保护费、文明施工费、安全施工费、临时设施费、夜间施工增加费、二次搬运费、大型机械设备进退场及安拆费、混凝土、钢筋混凝土模板及支架费、脚手架费、已完工程及设备保护费、施工排水、降水费。

(5) 综合单价:即全费用单价。除直接工程费外,还包括间接费、利润和税金,并应考虑风险费用。具体指完成工程量清单中一个规定计量单位项目全部工作内容所需的相关费用(含赶工费、综合管理费、社会保险费、住房公积金、工程定额测定费、建筑企业管理费、工程排污费、防洪工程维护费、不可预见费、预算包干费、利润及税金等费用)。

(6) 综合单价包干项目:是指根据招标文件、图纸、国家规范、技术文件标准等的内容,采取综合单价包干计费的项目。综合单价包干的项目(含根据招标文件及有关规定修正调整后的综合单价项目)在合同执行期内综合单价固定不变。

(7) 综合合价:是指完成子目全部工作内容所需的费用(含赶工费、综合管理费、住房公积金、工程定额测定费、建筑企业管理费、工程排污费、防洪工程维护费、不可预见费、利润及税金等一切费用)。

(8) 综合合价包干项目:是指根据招标文件及图纸的内容,采取综合合价包干方式计费的项目。综合合价包干项目在合同执行期内综合合价固定不变。

(9) 综合管理费:是指施工企业为组织施工生产和经营活动所发生的管理费用或支出,包括:现场及场外的管理人员的工资、差旅交通费、办公费、固定资产使用费、工具用具使用费、工会经费、职工教育经费、企业财产保险费用、财务费用、工程开办费、技术转让费、技术开发费、业务招待费及其他与本企业相关的收费。

(10) 行政事业性收费:是指含住房公积金、工程定额测定费、建筑企业管理费、工程排污费、防洪工程维护费等。

(11) 预留金:是指发包人为可能发生的工程量变更而预留的金额。工程量变更主要指工程量清单漏项、有误引起工程量的增加和施工中设计变更标准提高或工程量的增加等。按预计发生数估算。

(12) 不可预见费:是指市场物价的不稳定因素、政府部门颁发的各项调价因素、气候等自然条件的不利影响(不可抗力除外)、技术经济条件发生变化(如资源、劳力、交通条件等)、国家宏观经济调控政策的影响、施工条件的变化、机电安装工程所有拆除及修改的安装费用、工程量报价清单综合合价项目中未能完全考虑的项目及承包人预计会发生的其他因素等所产生的额外一切费用。

(13) 地下室基坑支护措施费:是指地下室基坑开挖及施工过程中,根据经具有相应设计审核资质的单位审定的施工图纸及技术方案中采用的支护及止水施工手段所发生的造价费用,包括:基坑中的淤泥清挖运、土钉、锚杆、喷射混凝土、钢筋网、水泥搅拌桩等施工工艺所需的一切费用。

(14) 环境保护费:是指施工现场为达到环保部门要求所需要的各项费用。

(15) 安全施工费:是指为确保施工现场安全施工所需要的各项费用。承包人按照当地建设行政主管部门的规定及《建筑施工安全检查标准》(JGJ 59—99)的有关规定实施。

(16) 施工排水、降水费:是指在工程施工过程中,需对施工过程中的地下水、雨水、积水而采取排放、降低、清疏等相应手段,以保障施工顺利的所有一切费用。

(17) 大型机械设备进退场及安拆费:是指机械整体或分体自停放场地运至施工场地或由一个施工地点运至另一个施工地点,所发生的机械进出场运输及转移费用及机械在施工现场进行安装、拆卸所需要的各项费用。

(18) 占用道路维持交通措施费:是指工程施工过程中需占用部分道路,派出人员对道路的交通进行维持疏导而发生的各项费用。

(19) 临时设施费:是指临时宿舍、文化福利及公用事业房屋与构筑物,仓库、办公室、加工厂以及红线范围内的道路、水、电、管线及散装水泥仓(或罐)等临时设施和小型临时设施的搭设、维修、拆除费或摊销费。

(20) 文明施工措施费:为确保工程施工或按有关行政管理部门与发包人布置而采取的文明措施所发生的相关费用。包括硬地施工、洗车槽、食堂、厕所等文明施工必须设施而需发生的各项费用。

(21) 夜间施工增加费:是指因夜间施工所发生的夜班补助费、夜间施工降效费、夜间施工照明设备摊销及照明用电等费用。

(22) 二次搬运费:是指因施工场地狭小等特殊情况而发生的二次搬运的费用。

(23) 混凝土、钢筋混凝土模板及支架费:是指混凝土施工过程中需要的各种钢模板、木模板、支架等的支、拆、运输费用及模板、支架的摊销(或租赁)费用。

(24) 脚手架费:是指施工需要的各种脚手架搭、拆、运输费用及脚手架的摊销(或租赁)费用。

(25) 施工临时道路修筑费:是指为满足工程施工所需施工场地内外临时道路的铺筑及其日常维护的全部费用,并确保整个施工过程中各种大型机械(含分包项目)的通畅运行。

(26) 已完工程及设备保护费:是指竣工验收前,对已完工程及设备进行保护所需费用。

(27) 机电安装工程主材费:是指以招标文件和清单编制及计量与计价规则划分为原则,按有关安装工程综合定额及当地常用项目补充综合定额消耗量指标计算,为到工地价格,包括运输费、装卸费、采保费、吊装费、税金等一切费用。

(28) 机电安装工程安装费:是指扣除机电安装主材费及发包人供货与安装招标的项目后,按照国家最新规范完成竣工图纸安装内容的一切费用,包括税费和整个工程所必须缴交的政府规费。该项费用的价格是根据安装工程综合定额、当地安装工程常用项目补充综合定额、安装工程计价办法中规定扣除的主要材料设备部分以外的一切费用。

(29) 地方协调费:是指承包人在施工过程中与当地地方政府

及人员在协调时而需发生的各项包干费用,如因承包人协调不力,其发生所有费用及相关责任由承包人自行承担。

(30)监理工程师驻地建设费:是指承包人须按合同的要求,向监理工程师提供规定要求内容的各项设施及服务而发生的各项包干费用。

(31)土建、市政及机电项目的主材下浮率:是指在土建、市政及机电项目的主材报价时,承包人根据市场竞争状况,结合自身实力及条件,为提高竞争能力,以中标人承诺的下浮率方式降低工程造价而作出的让利程度。

(32)承包施工配合及协调费:是指承包人在施工过程中,作为承包单位,按合同及施工总承包管理办法中的各项规定及要求,向各分包及协作单位提供各项相应服务及协调工作而发生的各项费用。如因承包人服务管理及协调不力,其发生所有费用及相关责任由承包人自行承担。

(33)材料、工程质量、检测及试验费:是指由发包人委托国家质检部门或按规定需由第三方进行的材料、工程质量检测及试验所发生的包干费用。

(34)质量保证金:是指从应付的工程款中预留,用以保证承包人在缺陷责任期内对工程出现的缺陷进行维修的资金。

(35)月工程款:是指承包人月完成工程进度造价再扣除应扣的费用(含预付款、保留金)后的款项。

(36)月工程进度款:是指承包人月完成工程进度的实际工程造价。

6.3.2 合同价款与支付

(一)合同价款及调整

1. 合同价款按照协议书约定的价款执行。协议书约定建筑、一般装饰装修、标段内的区内道路及室外附属工程的合同价款一般为综合单价及综合合价包干的价款,室内机电安装工程的暂定合同价款为已含暂定主材价格及安装费用的价款。

2. 承包人与发包人应当约定,综合单价包干合同价款部分在合同执行期间内，综合单价及综合合价均不作任何调整。待完工时，以竣工图纸及总监理工程师、发包人签认的现场签证为依据，依实际工程量进行结算。室内机电安装单价在合同执行期间不作任何调整，结算时以此单价乘以经发包人审定的建筑面积即为最终安装费用的结算价款。

3. 承包人必须认真配合其他工程施工，包括配合已施工的隐蔽工程和后续工程及其他与本工程有衔接的工程和各分包工程，涉及的费用已包在合同总价内。若由于承包人不积极配合或协调不力，造成相关工程工期延误，其发生所有费用及相关责任由承包人自行承担。

4. 综合单价包干的合同价款的调整。承包人与发包人约定，合同价款的调整按照下述约定执行：

(1) 工程造价调整。当发生下列情况之一时，可对工程造价进行调整：

① 发包人及监理单位共同确认的工程量增减；

② 发包人及监理单位共同确认的新增工程项目、设计变更或工程洽商及现场签证。发包人原则上按每个季度统计并计算一次工程变更或签证。

上述两款内容的增加额度累计达到合同造价的一定比例(一般为 10%以上)时，发包人可给予签订补充合同。

(2) 所有新增工程、设计变更工程的单价或价格，均按照有关约定执行。

① 因设计或市场变化等原因造成建筑、机电安装材料的品牌、规格、型号等发生变化的：调整原则为单价不能高于招投标文件原定价；性能不能低于招投标文件原要求；所有建筑、机电安装材料的调整都必须经发包人批准，并按建设项目有关管理办法执行。

② 因设计变更，将建筑、机电安装材料的品牌、等级降低，造成建筑、机电安装材料的实际价格比合同价格有较大的下降，应按实际价格标准对原合同价款进行调整。

③ 投标文件、当地建设材料指导价格都没有的材料，则由发包人根据“货比三家、样板推进、质优价低”的原则确定，如同一施工标段此材料估计价值在约定的价值以上的，承包人必须报发包人审定，如发包人不满意，可要求承包人重新报送其他品牌样板或该项材料改为甲招乙供材料。

5. 承包人与发包人约定，承包人应在《合同通用条款》有关规定的情况发生后及时将调整原因、金额以书面形式通知监理单位，经监理单位和发包人批准后作为调整合同价款及拨付工程进度款的依据。监理单位收到后及时审核并签署意见，发包人应及时审定并批准执行。

6. 现场签证的计价：由于施工场地、条件变化必须进行现场签证时，所有现场签证必须在发生后及时经监理单位及发包人现场核实计量后签字盖章确认，承包人根据现场签证确认的工程量及时编制预算报监理单位审核，监理单位及时提出造价审核意见报发包人。由发包人签字盖章确认。凡是没有经过监理单位和发包人签字盖章确认的现场签证，其增加的费用不予确认支付。

7. 承包人承诺：所有变更引起的计价计量调整审批过程，均不得影响变更的执行，不得以此为理由公开或变相拖延或延误工程，否则，承包人将承担由此造成的经济损失及工期延误的责任。

8. 承包施工配合及协调费以分包工程合同额作计算基础，不因基数的变化而调整费率。

（二）工程预付款

承包人与发包人约定，工程预付款按照以下约定履行：

1. 承包人与发包人签署本合同后，承包人按招标文件载明的格式，向发包人提交由在中华人民共和国注册并经营的地市级以上银行开出的与工程预付款等额的《预付款银行保函》后，发包人应当按约定时间向承包人支付合同价款的一定比例（一般为10%）的款项作为工程预付款。《预付款银行保函》应在预付款全部扣回之前保持有效，但其担保额可随承包人返还的金额而逐渐减少。

2. 发包人不按约定预付工程款,应从约定付款之日起按同期银行活期存款利率向承包人支付应付款的利息,并承担违约责任。承包人应将预付款专用于实施本合同所需的施工机械、工程设备、材料及人员费用,并应向监理工程师提交发票和其他证明文件的副本以证明预付款确实专款专用。

3. 工程开工后,工程预付款应从工程进度款中逐月分期扣回。扣回的时间和比例按双方约定进行。

(三) 工程量确认

1. 承包人应于每月中旬前向总监理工程师提交已完工程进度款申请报告(表)。已完工程进度款申请报告(表)格式参照《合同专用条款》有关约定执行。

2. 除另有特别说明外,总监理工程师应根据合同的规定和批准的施工图纸、设计变更图纸通过现场计量来核实并确认已完工程的价值。当总监理工程师要求对工程的任一部分或几部分进行计量时,总监理工程师应当书面通知承包人,承包人应按通知要求立即前往协助监理单位人员从事上述计量工作,并提供此计量所需的一切详实资料。承包人未能按要求时间前往参加计量并提供详实资料,则由总监理工程师进行的或由他批准的计量应直接被认为是对这一部分工程的正确计量。

3. 工程的计量应以净值为准,除非合同中另有规定。

(四) 工程款(进度款)支付

1. 双方约定的工程款支付的方式和时间:

(1) 支付方式:按月支付,并按有关条款执行。

(2) 工程进度款计算公式(以下百分比由双方在合同中约定)

① 建筑、一般装饰装修、标段内的区内道路及室外附属工程:

A. 当月实际完成的工程进度款累计 < 60% 合同价款时:

月工程款 = 承包人月完成实际工程进度款 90%

B. 当月实际完成的工程进度款累计 ≥ 60% 合同价款时,开始扣回预付款:

月工程款 = 承包人月完成实际工程进度款 × 90% - 预付款总

额×抵扣比例

抵扣比例为：承包人月完成实际工程进度款/（合同价款×60%）

C. 当月实际完成的工程进度款累计=80%合同价款时：

月工程款=承包人月完成实际工程进度款×90%-应扣预付款余额

D. 当预付款扣清以后，按月实际完成的工程进度款×90%支付；

② 室内机电安装工程工程进度款计算公式：

根据由承包人上报、发包人批准的安装工程网络计划所示的安装工程大面积铺开施工的总工期（月数），发包人按月平均支付承包人安装费用月工程款：

安装费用月工程款=安装工程单价×月完成机电安装建筑面积×90%

主材费用月工程款=设备主材各单价×月完成的各机电安装数量×90%

(3) 月实际完成的工程进度款以监理单位审核计量和发包人审定确认为准，承包人应在每月中旬前根据工程师及发包人核实确认的工程量、工程单价和取费标准，计算已完工程价值，编制工程款结算单送监理单位。监理单位收到后，应及时审核并签署意见后报发包人；同时，承包人应向发包人提供大宗材料供应结算报表、大宗材料供应汇总表，发包人应及时审核批准，并报上级有关部门办理统一拨付。

(4) 月工程款包括甲招乙供材料的价款和发包人预交的劳保基金，甲招乙供材料价款由承包人委托发包人代为转付给材料供应商，劳保基金由发包人代扣代缴。

2. 在首次及以后各次月工程款支付中，发包人从工程进度款中扣减一定比例金额作为保留金，直至保留金的数额达到合同约定的为止。

根据实际发生项目，发包人可以全额支付或部分支付或不予支付工程预留金，按有关规定时间审核、支付，并在竣工结算时结清（多退少补）。

经监理单位审定和发包人批准，发包人在工程竣工验收后28天内给承包人返还一定比例的保留金；在竣工结算确认且承包人按时完整移交工程竣工档案后，发包人再返还一定比例的保留金；剩余的保留金作为工程质量保修金（按FIDIC合同条件，分两次返还保留金）。

3. 工程的履约银行保函所承保的内容包括：承包人在投标时所承诺投入的劳动力资源、周转性材料（胶合板及支撑等）、机械设备、施工质量、施工工期、总承包单位服务管理及协调工作及其他。其分配的比例按履约银行保函实施管理明细的规定执行，如承包人违反投标文件中的承诺，则按上述比例扣除履约保证金。

7 安全文明施工

7.1 项目安全控制和现场管理的基本要求

7.1.1 项目安全控制

1. 一般规定

(1) 项目安全控制必须坚持“安全第一、预防为主”的方针。项目经理部应建立安全管理体系和安全生产责任制。安全员应持证上岗,保证项目安全目标的实现。项目经理是项目安全生产的总负责人。

(2) 项目经理部应根据项目特点,制定安全施工组织设计或安全技术措施,都应根据施工中人的不安全行为,物的不安全状态,作业环境的不安全因素和管理缺陷进行相应的安全控制。实行分包的项目,安全控制应由承包人全面负责,分包人向承包人负责,并服从承包人对施工现场的安全管理。

(3) 项目经理部和分包人在施工中必须保护环境。在进行施工平面图设计时,应充分考虑安全、防火、防爆、防污染等因素,做到分区明确,合理定位。

(4) 项目经理部必须建立施工安全生产教育制度,未经施工安全生产教育的人员不得上岗作业。项目经理部必须为从事危险作业的人员办理人身意外伤害保险。施工作业过程中对危及生命安全和人身健康的行为,作业人员有权抵制、检举和控告。

(5) 项目安全控制应遵循下列程序:

① 确定施工安全目标。

② 编制项目安全保证计划。

③ 项目安全计划实施。

④ 项目安全保证计划验证。

⑤ 持续改进。

⑥ 兑现合同承诺。

2. 安全保证计划

项目经理部应根据项目施工安全目标的要求配置必要的资源,确保施工安全,保证目标实现。专业性较强的施工项目,应编制专项安全施工组织设计并采取安全技术措施。项目安全保证计划应在项目开工前编制,经项目经理批准后实施。项目安全保证计划的内容宜包括:工程概况,控制程序,控制目标,组织结构,职责权限,规章制度,资源配置,安全措施,检查评价,奖惩制度。

项目经理部应根据工程特点、施工方法、施工程序、安全法规和标准的要求,采取可靠的技术措施,消除安全隐患,保证施工安全。对结构复杂、施工难度大、专业性强的项目,除制定项目安全技术总体安全保证计划外,还必须制定单位工程或分部、分项工程的安全施工措施。对高空作业、井下作业、水上作业、水下作业、深基础开挖、爆破作业、脚手架上作业、有害有毒作业、特种机械作业等专业性强的施工作业,以及从事电气、压力容器、起重机、金属焊接、井下瓦斯检验、机动车和船舶驾驶等特殊工种的作业,应制定单项安全技术方案和措施,并应对管理人员和操作人员的安全作业资格和身体状况进行合格审查。

安全技术措施应包括:防火、防毒、防爆、防洪、防尘、防雷击、防触电、防坍塌、防物体打击、防机械伤害、防溜车、防高空坠落、防交通事故、防寒、防暑、防疫、防环境污染等方面的措施。

3. 安全保证计划的实施

(1) 项目经理部应根据安全生产责任制的要求,把安全责任目标分解到岗,落实到人。安全生产责任制必须经项目经理批准后实施。

① 项目经理安全职责应包括:认真贯彻安全生产方针、政策、法规和各项规章制度,制定和执行安全生产管理办法,严格执行安全考核指标和安全生产奖惩办法,严格执行安全技术措施审批和施工安全技术措施交底制度;定期组织安全生产检查和分析,针对

可能产生的安全隐患制定相应的预防措施；当施工过程中发生安全事故时，项目经理必须按安全事故处理的有关规定程序及时上报和处置，并制定防止同类事故再次发生的措施。编制项目安全保证计划。

② 安全员安全职责应包括：落实安全设施的设置；对施工全过程的安全进行监督，纠正违章作业，配合有关部门排除安全隐患，组织安全教育和全员安全活动，监督劳保用品质量和正确使用。

③ 作业队长安全职责应包括：向作业人员进行安全技术措施交底，组织实施安全技术措施；对施工现场安全防护装置和设施进行验收；对作业人员进行安全操作规程培训，提高作业人员的安全意识，避免产生安全隐患；当发生重大或恶性工伤事故时，应保护现场，立即上报并参与事故调查处理。

④ 班组长安全职责应包括：安排施工生产任务时，向本工种作业人员进行安全措施交底；严格执行本工种安全技术操作规程，拒绝违章指挥；作业前应对本次作业所使用的机具、设备、防护用具及作业环境进行安全检查，消除安全隐患，检查安全标牌是否按规定设置，标识方法和内容是否正确完整；组织班组开展安全活动，召开上岗前安全生产会；每周应进行安全讲评。

⑤ 操作工人安全职责应包括：认真学习并严格执行安全技术操作规程，不违规作业；自觉遵守安全生产规章制度，执行安全技术交底和有关安全生产的规定；服从安全监督人员的指导，积极参加安全活动；爱护安全设施；正确使用防护用具；对不安全作业提出意见，拒绝违章指挥。

⑥ 承包人对分包人包火的安全生产责任应包括：审查分包人的安全施工资格和安全生产保证体系，不应将工程分包给不具备安全生产条件的分包人；在分包合同中应明确分包人安全生产责任和义务；对分包人提出安全要求，并认真监督、检查；对违反安全规定冒险蛮干的分包人，应令其停工整改；承包人应统计分包人的伤亡事故，按规定上报，并按分包合同约定协助处理分包人的伤亡

事故。

⑦ 分包人安全生产责任应包括：分包人对本施工现场的安全工作负责，认真履行分包合同规定的安全生产责任；遵守承包人有关安全生产制度，服从承包人的安全生产管理，及时向承包人报告伤亡事故并参与调查，处理善后事宜。

⑧ 施工中发生安全事故时，项目经理必须按国务院安全行政主管部门的规定及时报告并协助有关人员进行处理。

(2) 实施安全教育应符合下列规定：

① 项目经理部的安全教育内容应包括：学习安全生产法律、法规、制度和安全纪律，讲解安全事故案例。

② 作业队安全教育内容应包括：了解所承担施工任务的特点，学习施工安全基本知识、安全生产制度及相关工种的安全技术操作规程；学习机械设备和电器使用、高处作业等安全基本知识；学习防火、防毒、防爆、防洪、防尘、防雷击、防触电、防高空坠落、防物体打击、防坍塌、防机械伤害等知识及紧急安全救护知识；了解安全防护用品发放标准，防护用具、用品使用基本知识。

③ 班组安全教育内容应包括：了解本班组作业特点，学习安全操作规程、安全生产制度及纪律；学习正确使用安全防护装置(设施)及个人劳动防护用品知识；了解本班组作业中的不安全因素及防范对策、作业环境及所使用的机具安全要求。

(3) 安全技术交底的实施，应符合下列规定：

① 单位工程开工前，项目经理部的技术负责人必须将工程概况、施工方法、施工工艺、施工程序、安全技术措施，向承担施工的作业队负责人、工长、班组长和相关人员进行交底。

② 结构复杂的分部分项工程施工前，项目经理部的技术负责人应有针对性地进行全面、详细的安全技术交底。

③ 项目经理部应保存双方签字确认的安全技术交底记录。

4．安全检查

项目经理应组织项目经理部定期对安全控制计划的执行情况进行检查考核和评价。对施工中存在的不安全行为和隐患，项目经理部应分析原因并制定相应整改防范措施。

项目经理部应根据施工过程的特点和安全目标的要求，确定安全检查内容。安全检查应配备必要的设备或器具，确定检查负责人和检查人员，并明确检查内容及要求。安全检查应采取随机抽样、现场观察、实地检测相结合的方法，并记录检测结果。对现场管理人员的违章指挥和操作人员的违章作业行为应进行纠正。安全检查人员应对检查结果进行分析，找出安全隐患部位，确定危险程度。项目经理部应编写安全检查报告。

5. 安全隐患和安全事故处理

(1) 安全隐患处理应符合下列规定：

① 项目经理部应区别“通病”、“顽症”、首次出现、不可抗力等类型，修订和完善安全整改措施。编制项目安全保证计划。

② 项目经理部应对检查出的隐患立即发出安全隐患整改通知单。受检单位应对安全隐患原因进行分析，制定纠正和预防措施。纠正和预防措施应经检查单位负责人批准后实施。

③ 安全检查人员对检查出的违章指挥和违章作业行为向责任人当场指出，限期纠正。

④ 安全员对纠正和预防措施的实施过程和实施效果应进行跟踪检查，保存验证记录。

⑤ 安全事故处理必须坚持“事故原因不清楚不放过，事故责任者和员工没有受到教育不放过，事故责任者没有处理不放过，没有制定防范措施不放过”的原则。编制项目安全保证计划。

(2) 安全事故应按以下程序进行处理：

① 报告安全事故：安全事故发生后，受伤者或最先发现事故的人员应立即用最快的传递手段，将发生事故的时间、地点、伤亡人数、事故原因等情况，上报至企业安全主管部门。企业安全主管部门视事故造成的伤亡人数或直接经济损失情况，按规定向政府主管部门报告。

② 事故处理：抢救伤员、排除险情、防止事故蔓延扩大，做好标识，保护好现场。

③ 事故调查：项目经理应指定技术、安全、质量等部门的人员，会同企业工会代表组成调查组，开展调查。

④ 调查报告：调查组应把事故发生的经过、原因、性质、损失责任、处理意见、纠正和预防措施撰写成调查报告，并经调查组全体人员签字确认后报企业安全主管部门。

7.1.2 项目现场管理

1. 一般规定

(1) 项目经理部应认真搞好施工现场管理，做到文明施工、安全有序、整洁卫生、不扰民、不损害公众利益。

(2) 现场门头应设置承包人的标志。承包人项目经理部应负责施工现场场容文明形象管理的总体策划和部署；各分包人应在承包人项目经理部的指导和协调下，按照分区划块原则，搞好分包人施工用地区域的场容文明形象管理规划，严格执行，并纳入承包人的现场管理范畴，接受监督、管理与协调。

(3) 项目经理部应在现场入口的醒目位置，公示下列内容：

① 工程概况牌，包括：工程规模、性质、用途，发包人、设计人、承包人和监理单位的名称，施工起止年月等。

② 安全纪律牌。

③ 防火须知牌。

④ 安全无重大事故计时牌。

⑤ 安全生产、文明施工牌。

⑥ 施工总平面图。

⑦ 项目经理部组织架构及主要管理人员名单图。

(4) 项目经理应把施工现场管理列入经常性的巡视检查内容，并与日常管理有机结合，认真听取邻近单位、社会公众的意见和反映，及时抓好整改。

2. 规范场容

(1) 施工现场场容规范化应建立在施工平面图设计的科学合理化和物料器具定位管理标准化的基础上。承包人应根据本企业的管理水平，建立和健全施工平面图管理和现场物料器具管理标准，为项目经理部提供场容管理策划的依据。

(2) 项目经理部必须结合施工条件，按照施工方案和施工进度计划的要求，认真进行施工平面图的规划、设计、布置、使用和管理。

① 施工平面图宜按指定的施工用地范围和布置的内容，分别进行布置和管理。

② 单位工程施工平面图宜根据不同施工阶段的需要，分别设计成阶段性施工平面图，并在阶段性进度目标开始实施前，通过施工协调会议确认后实施。

(3) 项目经理部应严格按照已审批的施工总平面图或相关的单位工程施工平面图划定的位置，布置施工项目的主要机械设备、脚手架、密封式安全网和围挡、模具、施工临时道路、供水、供电、供气管道或线路、施工材料制品堆场及仓库、土方及建筑垃圾、变配电间、消火栓、警卫室、现场的办公、生产和生活临时设施等。

(4) 施工物料器具除应按施工平面图指定位置就位布置外，尚应根据不同特点和性质，规范布置方式与要求，并执行码放整齐、限宽限高、上架入箱、规格分类、挂牌标识等管理标准。

(5) 在施工现场周边应设置临时围护设施。市区工地的周边围护设施高度不应低于1.8m。临街脚手架、高压电缆、起重把杆回转半径伸至街道的，均应设置安全隔离棚。危险品库附近应有明显标志及围挡设施。

(6) 施工现场应设置畅通的排水沟渠系统，场地不积水、不积泥浆，保持道路干燥坚实。工地地面应做硬化处理。

3. 环境保护

(1) 项目经理部应根据《环境管理系列标准》(GB/T 24000—ISO 14000)建立项目环境监控体系，不断反馈监控信息，采取整改措施。

(2) 施工现场泥浆和污水未经处理不得直接排入城市排水设施和河流、湖泊、池塘。

(3) 除有符合规定的装置外，不得在施工现场熔化沥青和焚烧油毡、油漆，亦不得焚烧其他可产生有毒有害烟尘和恶臭气味的废弃物，禁止将有毒有害废弃物作土方回填。

(4) 建筑垃圾、渣土应在指定地点堆放，每日进行清理。高空施工的垃圾及废弃物应采用密闭式串筒或其他措施清理搬运。装载建筑材料、垃圾或渣土的车辆，应采取防止尘土飞扬、洒落或流溢的有效措施。施工现场应根据需要设置机动车辆冲洗设施，冲洗污水应进行处理。

(5) 在居民和单位密集区域进行爆破、打桩等施工作业前，项目经理部应按规定申请批准，还应将作业计划、影响范围、程度及有关措施等情况，向受影响范围的居民和单位通报说明，取得协作和配合；对施工机械的噪声与振动扰民，应采取相应措施予以控制。

(6) 经过施工现场的地下管线，应由发包人在施工前通知承包人，标出位置，加以保护。施工时发现文物、古迹、爆炸物、电缆等，应当停止施工，保护好现场，及时向有关部门报告，按照有关规定处理后方可继续施工。

(7) 施工中需要停水、停电、封路而影响环境时，必须经有关部门批准，事先告示。在行人、车辆通行的地方施工，应当设置沟、井、坎、穴覆盖物和标志。

(8) 温暖季节宜对施工现场进行绿化布置。

4. 防火保安

(1) 现场应设立门卫，根据需要设置警卫，负责施工现场保卫工作，并采取必要的防盗措施。施工现场的主要管理人员在施工现场应当佩戴证明其身份的证卡，其他现场施工人员宜有标识。有条件时可对进出场人员使用磁卡管理。

(2) 承包人必须严格按照《中华人民共和国消防法》的规定，建立和执行防火管理制度。现场必须有满足消防车出入和行驶的道路，并设置符合要求的防火报警系统和固定式灭火系统，消防设施应保持完好的备用状态。在火灾易发地区施工或储存、使用易燃、易爆器材时，承包人应当采取特殊的消防安全措施。现场严禁吸烟,必要时可设吸烟室。

(3) 施工现场的通道、消防出入口、紧急疏散楼道等,均应有明显标志或指示牌。有高度限制的地点应有限高标志。

(4) 施工中需要进行爆破作业的,必须经政府主管部门审查批准,并提供爆破器材的品名、数量、用途、爆破地点、四邻距离等文件和安全操作规程,向所在地县、市(区)公安局申领"爆破物品使用许可证",由具备爆破资质的专业队伍按有关规定进行施工。

5. 卫生防疫及其他事项

(1) 施工现场不宜设置职工宿舍,必须设置时应尽量和施工场地分开。现场应准备必要的医务设施。在办公室内显著位置应张贴急救车和有关医院电话号码。根据需要采取防暑降温和消毒、防毒措施。施工作业区与办公区应分区明确。

(2) 承包人应明确施工保险及第三者责任险的投保人和投保范围。

(3) 项目经理部应对现场管理进行考评,考评办法应由企业按有关规定制定。

(4) 项目经理部应进行现场节能管理。有条件的现场应下达能源使用指标。

(5) 现场的食堂、厕所应符合卫生要求,现场应设置饮水设施。

7.2 安全与文明施工管理的保障措施

7.2.1 安全目标及保证措施

(一) 安全目标

(1) 无死亡事故,工伤频率控制在国家及当地建筑施工安全管理法规规定的指标要求范围内。

(2) 达到"五无"目标要求,即无施工原因引起的施工安全等级事故;无因工死亡和重大伤亡事故;无机械设备大事故;无火灾事故;无重要器材设备危爆品被盗和爆炸事故。

(3) 一次性通过安全文明检查。

(二) 安全管理组织机构

建立以指挥长为核心,突出专职安全工程师的责权,各工区安全员为骨干的安全管理组织机构。建立切实可行的安全保证体系;实施安全事故责任追究制,严格奖罚,确保安全目标实现。

(三) 保证措施

严格执行当地建设工程现场文明施工管理办法及《建筑施工安全检查标准》(JGJ 59—99)。

1. 找准安全管理的重点和事故易发点进行有针对性的管理,从加强临边防护、施工用机电设备安全、高空作业安全、起重作业安全、“三宝四口”(安全帽、安全网、安全带为“三宝”,楼梯口、电梯井口、预留洞口、通道口为“四口”)安全、施工用电安全等六个方面来控制。

2. 工程测量施工安全保证措施

(1) 施工测量工作中,测量员要注意施工周围情况,保证自身安全。

(2) 仪器发生故障时,不可乱拆乱卸,应送专业部门修理。

3. 分项工程安全保证措施

包括:管桩施工安全措施、人工及机械土方开挖安全措施、钢筋加工、安装、焊接安全措施、模板工程施工安全措施、混凝土工程施工安全措施、砌体工程施工安全措施、抹灰工程施工安全措施、设备安装安全措施、架子工程施工安全措施。

(四) 安全管理制度

1. 安全教育培训管理制度

(1) 提高职工在施工中的自我防护能力和安全生产思想意识,教育职工自觉遵守和执行国家安全生产的方针、政策、条例和项目部各项安全生产规章制度,确保职工在生产中的安全和健康。

(2) 工人在入场前,结合施工生产性质,对其进行安全规程、规章制度、高空作业、现场安全用电等的安全教育。

(3) 特殊工种如电工、电焊工、气焊工、起重工、汽车司机等作业人员，由劳动局进行专业安全教育，经考试合格发合格证，方准操作。

(4) 工人调换工种，必须进行换岗位教育，学习新工种的安全操作规程，凡未经换岗教育的工人不得进入新的工作岗位。

(5) 周一上班头 1 个小时为施工生产例会，对上周安全生产情况进行总结，并传达上级的安全生产精神，布置本周安全工作，进行安全教育和安全技术交底。

(6) 施工班组每天上班前 10 到 15 分钟为安全活动时间，由班组长组织进行，指出前一天存在的问题，强调当日的注意事项。施工过程中，要坚持"三工"制度，即工前交底，工中检查，工后讲评。

2. 安全检查管理制度

(1) 建立安全检查制度，本着"预防为主"的方针，对现场管理和各项安全防护组织经常性检查。

(2) 检查现场时要突出重点，明确要求，领导参加检查，发动群众，边检查边整改，对当时不能解决的问题，定措施定时间解决，对无力解决的隐患，逐级上报，狠抓落实，要一抓到底，直至按要求将全部问题解决为止。

(3) 班组的安全每天检查一次，着重检查落实情况，班组是否按操作规程施工，现场各方面的安全防护和安全标志牌是否牢固齐全，个人穿戴的安全防护用品是否正确合理。

(4) 各级检查一定要严格，检查后要有总结、评分，做好原始记录，并对存在的问题进行跟踪落实，直至符合要求为止。

(5) 不定期随时检查，各单位要根据季节、台风、暴雨、节前、危害性较大的适时组织检查。

3. 对合同工、临时工的安全管理制度

(1) 根据施工生产的需要，招用合同工、临时工时，主管领导应会同审查，符合规定的方可招用。

(2) 招用合同工、临时工必须根据相关法律的规定签订劳动合同，并到公证机关办理好公证手续。合同中必须明确安全内容、责任、劳动项目、范围、施工方法，安全技术伤亡事故的划分等。

(3) 有关部门必须用书面形式向合同工、临时工进行安全技术交底。被招用者必须按招用的要求,接受安全教育和交底,熟悉施工现场的作业环境,了解一般的安全常识和本工种的安全技术知识,集中进行教育的时间不得少于有关规定时间。

(4) 招用的合同工、临时工按本企业的要求,进行管理和教育。合同工、临时工必须服从统一指挥,严格遵守安全法规,落实安全措施,遵守劳动纪律,不违章作业。

(5) 合同工、临时工相应稳定,无操作证不得从事机械设备的作业。要这部分人操作时,必须经有关部门进行培训,考试合格领取合格证后方可操作。

(6) 安检人员应经常检查安全生产情况,及时纠正违章操作行为,发现隐患及时提出改进方案,签发限期整改通知书,到期不改者,按规定给予经济处罚或停止施工。

(7) 加强对合同工、临时工的教育,使他们真正认识到安全生产的重要性、必要性,懂得安全生产、文明施工的科学知识,增强安全意识,牢固树立“安全第一”的思想。

4. 工伤事故调查处理制度

(1) 现场发生事故后,应立即报告项目经理或安全员。

(2) 发生轻伤事故,班组组织查明原因,确定改进措施,填写事故报告报项目部。

(3) 发生重伤、死亡事故时,要以最快的方式报指挥部领导和安全质量环保部,及时组织有关部门进行调查。分析事故原因,查清事故责任,拟定整改方案,提出处理意见,并在规定时间内写出事故报告上报各级主管部门。

(4) 各单位对本单位事故报告的及时性、准确性负责,不得迟报、虚报或隐瞒不报,否则一切后果由事故单位负责。

(5) 事故发生后,事故单位要本着“三不放过”的原则,及时组织分析,提出改进措施,对造成事故的主要责任者要视其情节及造成事故后果的严重程度,分别给予经济、行政处分,对触犯刑律的依法追究其刑事责任。

(6) 对造成事故责任者的处罚,可根据上级有关文件,企业的有关管理规定,经济上给予罚款,行政上警告、记过、记大过、降级、撤职、留用察看或开除等处分。

(7) 所发生的伤亡事故,由质量安全部统计,建立事故档案。

5. 安全生产奖罚制度

(1) 奖励办法

① 凡在安全活动中,成绩突出,具备下列条件之一的单位和个人给予荣誉奖励和物质奖励。

② 认真执行安全生产条例,安全管理规章制度,按章作业,安全生产和文明施工成绩显著,年终被评为先进单位和个人,根据项目部当年经济效益的实际情况给予奖励。

③ 在施工过程中,严格按国家安全检查评分标准和施工用电规范,认真搞好各项安全防护设施,经有关部门检查验收,综合评分到优良以上的施工现场,给予有功人员奖励。

④ 在劳动保护,安全技术、职业病防治,改善劳动条件等方面创造或提出合理化建议,经实践证明确实对安全生产取得显著成绩的个人奖励。

⑤ 发现事故隐患立即采取措施或及时报告上级减轻以致避免事故发生的个人给予奖励。

⑥ 事故发生后,设法保护好事故现场,并积极组织抢救人员和物资,使人的生命免遭危害,国家财产免遭损失给予奖励。

(2) 处罚办法

① 执行劳动监察法规和处理违章作业,要以教育为主,使广大职工自觉遵守和执行"安全法规"的规定和各项规章制度的规定。对于有违反"安全法规"的行为,经教育不改的要给予严肃处理。

② 单位和个人违反"安全法规"和各项规章制度的或者迫使、纵容、指派他人违反"安全法规"的。

③ 违章作业或违章指挥造成事故的。

④ 不重视现场安全防护设施随意拆除或移动的。

⑤ 不按规定使用劳动保护用品,经劝告制止不听者。

⑥ 玩忽职守,违反安全生产责任和安全操作规程造成事故的。

⑦ 发现有事故险情既不采取措施又不及时报告而发生事故的。

⑧ 发生事故后,破坏现场,隐瞒不报,虚报,故意拖延不报者嫁祸于他人的。

⑨ 不执行上级和安全部门限期整改的安全隐患而造成事故的。

⑩ 由于设备超过检修期运行,或超过负荷运转造成事故的。

对于以上行为及后果的处罚,包括行政处分和经济处罚,情节严重者要追究刑事责任。经济处罚,视其情节轻重,给予罚款。

7.2.2 文明施工目标及保证措施

(一) 文明施工目标

文明施工目标是坚持清洁生产,文明施工,创建文明施工样板工地。

(二) 文明施工管理组织机构

建立以项目副指挥长为核心包括施工技术部门、安全质量环保部门、设备物质部门等组成的文明施工领导小组。

(三) 文明施工制度

推行文明施工和文明作业是确保安全生产,树立企业良好形象的基础性工作。为了保持周围环境的整洁,应加大施工现场标准化管理力度,确保清洁生产,达到文明施工。并加大必要投入,力创文明施工样板工地。

文明施工制度包括:文明施工责任制度、环境和场地设施管理制度、安全生产和防火管理制度、教育培训制度、检查验收制度、卫生管理制度等。

1. 文明施工责任制度

(1) 施工单位负有实施文明施工的责任。总承包单位的指挥长是工程项目的文明施工直接责任人。各分包单位应当严格执行总承包单位的规定,接受管理。

(2) 总承包单位应对施工现场的设备、材料堆放、场地道路、临时生产和生活设施进行统一合理布局,经建设单位和监理单位审核同意后执行。总承包单位应当建立文明施工档案,将施工现场文明施工的各项制度的执行情况以及建设行政主管部门及城监、质监、监理等部门施工现场检查情况一并归档,为工程竣工验收准备。

(3) 总承包单位应当加强施工队伍的全面管理,坚持岗前培训和持证上岗,严禁接受“无暂住证、劳动就业证、无计划生育证”人员。总承包单位为施工现场的管理和作业人员统一制作胸前佩戴的个人身份标卡,所有工作人员都应佩戴。

(4) 总承包单位应当做好建设工地施工现场安全保卫工作,落实防盗、防火措施,对各类违法行为和犯罪行为要及时制止,并报告公安机关。

(5) 要积极主动地处理好与周边居民、企事业单位的友好合作关系,尊重当地社区各行政主管部门,自觉遵守社区行政管理规定。

2. 环境和场地设施管理制度

(1) 场容场貌管理

① 一通:道路畅通。

② 二无:无头——砖头、木材头、钢筋头、焊接头、电线头、管子头、钢材头等;无底——砂底、碎石底、灰底、砂浆底、垃圾废土底等。

③ 三清:道路清洁、料具整齐清洁、作业面清洁。

④ 六牌一图:进入施工现场戴安全帽提示牌、施工标牌、组织网络牌、安全纪律牌、防火须知牌、文明施工管理牌和施工现场平面布置图。

⑤ 五不漏:施工管线不漏电、不漏水、不漏风、不漏气、不漏油。

(2) 施工现场管理

① 施工现场文明施工，是体现企业管理水平的明显标志，历来不容忽视。为保证安全有序施工，现场实行全封闭施工，严格执行门卫值班制度，创建省文明施工样板。

② 工程竣工后，承包人将在规定时间内拆除工地围墙，安全防护设施和其他临时设施，做到"工完料净、场地清"，工地及四周环境要及时清理干净。

③ 施工现场、设施以及环境管理按有关标准执行。

3. 安全生产和防火管理制度

(1) 安全生产责任制度，安全教育制度及安全技术措施装订成册，另布置上墙。

(2) 分部分项工程必须进行安全技术交底，制定安全技术措施。

(3) 特种作业人员持证上岗。

(4) 有安全检查记录本，班前活动记录本，安全事故处理记录本，安全教育记录本，特种作业人员登记本。

(5) 项目部在与劳务工队签订劳务合同中必须有安全、质量、文明施工条款，且须签订安全文明施工责任书。

4. 教育培训制度

承包人应认真开展安全教育，普及安全知识，倡导安全文化，建立健全安全教育制度。

(1) 安全教育由副指挥长负责，安全质量环保部协助教育、综合治理部组织实施。

(2) 工程队的安全教育由工程队长组织实施。内容包括：本单位劳动安全卫生状况和规章制度，主要危险危害因素及安全注意事项，预防事故的主要措施，典型事故的应急处理措施等。

(3) 班组级的安全教育由班组长组织实施。

(4) 从事特种作业的人员必须经过专门的安全知识和安全操作技能培训，并经过当地劳动部门考核合格后取得特种作业资格，领取操作证后方可上岗作业。

(5) 实施新材料、新工艺、新技术或使用新设备时，必须对有关人员进行响应的有针对性的安全教育。

5. 检查验收要求

(1) 进行定期安全生产检查,检查工作由副指挥长或安全质量环保部的负责人组织,有关职能部门负责人参加。

(2) 进行经常性安全检查,班组要坚持工前布置安全、工中检查安全、工后讲评安全的"三工"安全制度。各级专职安全员、安全值班人员进行日常巡回检查。各级管理人员在检查生产和其他工作的同时,必须检查安全生产工作。

(3) 专业性安全检查:对国家规定的特种作业和特种设备等组织专业安全检查组分别进行检查。

(4) 季节性、节假日安全检查:夏季检查防洪、防署、防雷电措施落实情况。春秋季检查防风沙、防火措施落实情况。节假日加班及节假日前后进行安全检查。

(5) 安全标准工地资料台账齐全,填写认真规范。

(6) 施工现场文明整洁,辅助设施合理布置,材料堆码整齐有序,安全警示标志齐全规范,工作环境舒适安全。

(7) 对分包单位,纳入管理范围,施工资质、营业执照、安全认证、承包合同齐全有效。

(8) 应符合当地建设工程现场文明施工管理办法的规定。

6. 卫生管理制度

(1) 拆卸工程时先里后外进行,作业面必须采取喷水降尘措施。在粉尘飞扬处采取遮挡围蔽或喷水降尘等措施。

(2) 每天施工作业时间严格限制在当地行政主管部门规定的时间内,因工程技术或工程质量要求连续作业时,应当经工程所在地建设行政主管部门批准,并采取措施降低设备噪声后,方能延长作业时间。

(3) 工程施工必须遵守当地人民政府有关扩大建设工程使用散装水泥和商品混凝土范围的规定,在规定的范围内应当使用散装水泥和商品混凝土。

(4) 对散体物料的管理必须遵守当地人民政府有关的规定,

在排放、运输、受纳散体物料前办理批准手续，并按规定委托有资质的单位和合格车辆运输。

(5) 施工现场内的各类炉灶严禁使用有毒物体作燃料；严禁燃烧各类建筑废料和生活垃圾。

(6) 施工现场内的厨房必须符合当地人民政府有关建筑工地厨房卫生要求的规定，申办食品卫生许可证。炊事员和茶水员上岗必须持有效的健康证和岗位培训证，上班时间必须穿戴白衣帽及袖套。洗、切、煮、卖、存等环节要设置合理，生熟严格分开，餐具用后随即洗刷干净，并按规定消毒。施工现场应当设茶水亭和茶水桶，茶水桶要有盖、加锁和有标志。夏季施工应当有防暑降温措施。

(7) 在施工现场设立医疗室，并配备有效的医疗急救箱。

(8) 施工现场应当落实各项除蚊灭蝇措施，严格控制蚊蝇孳生，如无力自行落实除蚊灭蝇措施的，可委托社会服务机构代为处理。

7.2.3　环保、降噪声、消防及应急保证措施

施工环境好坏是体现企业施工及管理水平的一个有力证据，是文明施工的直观表现，保证好施工环境是增加企业社会效益的一个重要途径。承包人应与当地政府和环保部门联合协作，并贯彻 ISO14001 环境管理手册及程序文件，控制施工污染，减少污水、空气粉尘及噪声污染，严格控制水土流失，扎扎实实抓好环境保护工作。

（一）环境保护管理体系

成立以指挥长任组长的环境保护领导小组，配备一定量的环保设施和技术人员，认真学习环保知识，共同搞好环保工作。同时采用各种有效措施，对容易引起环境污染的各种渠道严格控制。

（二）环境保护措施

1. 水土及生态环境的保护措施

对林木、植被及地下水资源的保护是施工中的环保重点。

(1) 营造良好环境。在施工现场和生活区设置足够的临时卫

生设施，经常进行卫生清理，同时在生活区周围种植花草、树木、美化生活环境。

(2) 临时用地范围内的耕地采取措施进行复耕，其他裸露地表植草或种树进行绿化。防止水土流失。

(3) 工程完工后，及时进行现场彻底清理，并按设计要求采用植被覆盖或其他处理措施。

(4) 对有害物质(如燃料、废料、垃圾等)要通过处理后运至监理工程师指定地点进行掩埋，防止对动、植物造成损害。

2. 水环境保护措施

(1) 不得向附近河流倒垃圾、废料等杂物。施工废水、生活污水按有关要求进行处理，不得直接排入农田、河流，以免造成污染。

(2) 施工机械的废油废水，采用隔油池等有效措施加以处理，不得超标排放。

(3) 生活污水采取二级生化或化粪池等措施进行净化处理，经检查符合标准后方准排放。

(4) 对既有的排灌系统加以保护，必要时修建临时水渠、水管等，保证排灌系统的完整性。

(5) 在河道附近的临时设施待工程完工后进行彻底清理，恢复原状原貌。

3. 施工现场粉尘控制措施

(1) 施工机械铲、运土时设专人洒水降尘。施工现场尽量不堆放土方，需堆放时采取覆盖、表面洒水降尘等措施。出入施工现场的车辆带有黏土要进行冲洗，防止带泥土上路和遗撒。

(2) 施工道路要硬化，未硬化部分经常洒水。

(3) 易飞扬材料的运输过程中，车辆不得超量装载，用布进行覆盖，防止飞扬、遗撒。不得到处漏砂、漏石、漏油；不慎漏下东西要及时清理。

(4) 清理、打扫作业场地时，应洒水湿润，清理渣土要采用容器清运，严禁从楼层上向地面抛撒施工垃圾，及时对施工垃圾、渣土进行清理，并设封闭垃圾间。指定专人清扫工地、路面。

(5) 岩棉、矿棉、玻璃棉等保温材料使用后应及时安排下道覆面工序，余料应收集并妥善予以封闭后堆放。

(6) 督促作业人员佩戴防尘用品。搬运水泥、岩棉制品等易飞扬材料、现场电焊、石材切割作业等应佩戴口罩、手套，防止粉尘对皮肤、呼吸器官的伤害。

(7) 施工现场保持环境清洁，水泥库内环境良好，上不漏雨、下有支垫，材料库内，排列有序，物资存放井然。施工牌子悬挂周正，内容与实际相符。模板、砌块、砂石，堆放整齐，钢筋场地堆放有序，不乱丢钢筋头。

(8) 污水排放设置排水沟，沟内常清理，不得污水横流，遍地水坑。施工用水保证管道畅通，不漏、不滴，有水通过处利索、干净。

(9) 施工现场生活区应设置洗浴室，施工作业后及时清洗、保持清洁。

4. 施工噪声控制措施

(1) 施工作业时间控制

要严格控制作业时间，晚间作业和早晨作业均按照当地行政主管部门的规定进行，特殊情况需连续作业(或夜间作业)的，必须经过环保建设主管部门批准，办理夜间施工证，并采取降噪措施。

(2) 土方施工噪声排放控制

① 土方施工前，施工现场的围挡及临建设施应建设完毕。

② 施工过程中，控制土方机械的装载量，禁止超负荷运转。加强施工机械的维修保养，缩短维修保养周期，禁止施工机械带病作业。

(3) 结构施工噪声排放控制

① 尽量使用环保型振捣棒，振捣棒使用完毕及时进行清洁、保养。对操作人员严格要求，振捣混凝土时禁止振击钢筋或模板，并做到快插慢拔。振捣混凝土时，有相应人员控制电源开关，防止振捣棒空转。

② 对泵车司机进行环保意识和责任心教育，保证混凝土泵

车、罐车平稳运行。合理安排混凝土浇筑作业时间，缩短混凝土罐车在现场操作时间。

③ 模板、脚手架支设、拆除、搬运时必须轻拿轻放，上下左右有人传递，防止跌落、撞击。模板修理时，禁止用大锤敲打。使用电锯切割模板、钢管时，应及时在锯片上刷油。

(4) 装修施工阶段噪声控制

① 先封闭周围再施工，石材加工、切割厂房应有防尘降噪设施或措施。减少石材、门窗现场加工制作。各种电动机具必须加强维护、保养。

② 在敏感区域施工时，应在噪声影响区域的作业区采用降噪安全围帘包裹。施工现场木工棚应做封闭处理。

(5) 噪声排放监测和控制

① 施工现场配备噪声测定声级计，培训噪声监测人员。

② 施工现场应定期、定时对场界内施工噪声排放进行监测并记录。

③ 施工中属于强噪声作业的，必须落实噪声监测、降噪措施。施工现场环境噪声采取专人监测，专人管理的原则，根据测量结果填写建筑施工场地噪声测量记录表，凡超过《施工场界噪声限值》标准的，要及时对施工现场噪声超标的有关因素进行调整，达到施工噪声不扰民的目的。

5. 固体废弃物的处理

(1) 在现场设立垃圾分拣站，及时对施工固体废弃物进行收集、分类、分拣、回收利用、清运处置，将有毒有害废弃物隔离存放，分别予以标识。分类堆放垃圾设施，分为可回收和不可回收的。

(2) 施工现场垃圾分拣站应尽量封闭，垃圾站应采取防雨、防泄露、防尘措施，避免再次污染空气、土壤、水体和对人员的身体造成危害。

(3) 施工和生活中的废弃物也可经当地环保部门同意后，运至指定地点，此外，工地设置能冲洗的厕所，派专门的人员清理打扫，并定期对周围喷药消毒，以防蚊蝇孳生，病毒传播。

(4) 报废材料或施工中返工的挖除材料立即运出现场并进行掩埋等处理。对于施工中废弃的零碎配件,边角料、水泥袋、包装箱等及时收集清理并搞好现场卫生,以保护自然环境与景观不受破坏。

(三) 消防、应急保证措施

1. 应急准备

(1) 以预防为主,加强对化学危险品的管理、对动火作业的控制、对各种安全防护设施、机械的维护和管理、对季节性施工措施的优化等相关预防工作,消除可能导致发生事故或紧急情况的各种隐患。

(2) 项目部成立义务消防队,定期进行训练,提高队伍应急能力。

(3) 施工现场、生活区、办公区应配备足够的灭火器、消防砂等应急器材,定期检查,确保器材、设施灵敏有效。并保持场内道路畅通,设置消防通道。

(4) 在开工前根据单位实际情况,编制具体的应急预案,经本单位领导批准后实施。

(5) 施工员在安排生产时要坚持防火安全交底,特别是进行电气焊、油漆等易燃危险作业时,要有具体的防火要求。

2. 应急和响应

(1) 火灾、爆炸发生后,应立即组织现场抢救,并协助消防部门对事故发生经过进行详细调查,写出事故报告。

(2) 发现化学危险品大面积泄露,应迅速采取必要的拦截措施,防止污染面扩大。

(3) 发生急性中毒、工伤事故后,应立即抢救中毒、受伤人员,马上向急救中心求救,并保护好现场,以利于事故的分析和处理。

(4) 在汛期施工时,制定雨期施工措施,配备足够的排水、排洪器材。

(5) 当施工现场挖出文物时,应及时向文物保管部门汇报,并做好现场保护工作。

(6) 雨期来临前,疏通排水系统。

7.3 安全文明施工的合同管理

承包人应执行《建筑施工安全检查标准》(JGJ 59—99)和当地建设现场文明施工管理办法的规定。

为确保工程能按期优质地竣工,促使承包人按其所作出的各项施工措施承诺履行义务,保证各项施工措施的投入能保障工程具备相应的条件进行施工,特设置施工措施实施保证金,该保证金由承包人的投标保证金在中标通知书发出后自行转变为施工措施实施保证金,如承包人不按投标文件中的各项措施内容进行投入施工,由发包人另行委托队伍施工,所发生的费用从该保证金内支付。

经发包人主管部门对全部施工措施验收合格后,发包人应将施工措施实施保证金无息退还给承包人。

7.3.1 施工场地的占用与管理

(1) 承包人必须依照建设项目《施工现场管理办法》的有关规定,规范对施工现场的管理。该管理办法构成合同的附件。

在工程实施期间,施工场地一经移交给承包人,承包人即对施工场地负有全过程、全面的管理责任,必须对施工场地范围内的治安秩序、安全保卫、环境卫生以及周围房屋、市政设施等负全责,对施工场地范围内的交通道路、用水、用电、场地内的施工协调负责。承包人应当在施工场地四周设置围护,确保不对周边环境、道路、行人和相邻施工现场造成不利影响,并不得干扰周围居民的正常生活。

(2) 承包人必须在工程竣工初验后或发包人规定的时间内(发包人将提前通知承包人),无条件清退所有施工场地。拒不清退的,发包人除向承包人收取租金外,还有权暂停计价支付、工程结算、工程验收等工作,并由承包人承担由此而产生的一切后果(包括发包人因此而被第三方索赔所产生的损失)。

对于临时房屋及设施，发包人认为有必要保留的，承包人在清退场地时应无条件保持完好并移交给发包人使用，一般情况下不得提出费用要求及其他要求。

(3) 承包人有义务采取有效措施督促分包单位在分包工程完工后按有关的规定完成退场工作。因分包单位原因导致不能及时退场的，承包人承担连带责任。

(4) 承包人必须服从综合治理委员会的执法检查和处罚，并按照检查结果进行整改。承包人必须接受综合考评委员会所作出的考评结果。

7.3.2 安全施工与检查

(一) 安全施工措施

(1) 承包人应建立健全建筑施工安全生产组织机构和安全保证体系，落实安全生产责任制，按照工程建设安全生产的有关管理规定，采取相应措施，负责现场全部作业的安全，并对此承担全部责任。

(2) 承包人必须将投标时承诺的安全生产施工措施落实到位。必须落实的安全生产施工措施主要有：按建设项目《施工现场管理办法》及投标文件的承诺。

(3) 承包人在施工中被发现存在严重安全隐患的，按照《合同专用条款》的约定承担违约责任。

(二) 安全防护

(1) 安全防护措施费用

工程的安全防护措施费用包括但不限于《合同通用条款》中有关规定所列明的安全防护措施费用，所有安全防护措施费用已包含在合同价款之中。

(2) 安全防护措施

承包人采取严格的安全防护措施，在工程的施工、完工及修补缺陷的整个过程中，都应当做到：

① 全面关照所有留在现场上的人员的安全，保护其管辖范围内的现场以及尚未完工的和发包人尚未占用的工程处于有条不紊

和良好的状态。

② 在需要的时间和地点，根据总监理工程师、发包人或者当地政府的要求，自费提供和维持所有的照明灯光、护板、围墙、栅栏、警告信号标志和值班人员，对工程进行保护和为公众提供安全和方便。

③ 承包人应自费采取适当措施，确保其工作人员和劳务人员的身体健康，遵照当地卫生部门的要求保证在施工的全过程中，在工地、宿舍和工棚，备有医疗人员、急救设施、药品和治疗室等，并为预防传染病和一切必要的福利、卫生要求作出安排，建立"疾病应急小组"，制订应急措施。若出现任何重大或恶性传染性的疾病（如：非典型性肺炎）时，承包人必须遵守并执行当地卫生部门为处理和控制上述传染病而制定的规章、命令和要求，迅速向发包人和当地疾病控制中心报告。

（三）事故处理

(1) 因承包人责任过失造成工程质量安全事故的，除按照国家规定由行业主管部门给予承包人处罚外，承包人还应负责赔偿发包人损失，并按照有关约定承担违约责任。

(2) 承包人应保证发包人免于受到或承担应由承包人负责的因承包人现场施工所引起的或与之有关的索赔、诉讼以及其他开支；若有证据证实发包人因此发生了索赔、诉讼以及其他开支，承包人必须在接到发包人通知后在约定的时间内据实补偿发包人因此所受到的损失。

7.3.3 文明施工与环境保护

(1) 承包人必须严格按照当地建设工程现场文明施工管理办法及建设项目《施工现场管理办法》在施工组织设计中专章编制文明施工措施，将投标时承诺的文明施工措施落实到位。承包人不落实文明施工措施的，按照有关的约定承担违约责任。

(2) 承包人应在进入现场前提交施工期间的环境保护方案，经监理工程师批准后实施。环境保护方案必须包括：施工现场所必须的照明灯光、护板、围护、栅栏、警告标志和值班人员名单，以及建筑垃圾、施工和生活污水、噪声、粉尘的处理排放。方案在实施过程中所采用的材料、设备等应使监理工程师和发包人满意。

对于承包人施工过程中造成的环境污染问题,经发包人或者监理工程师指出后,承包人未能在规定时间内采取整治措施,或者所采取的整治措施未有效消除污染的,发包人可以自行或者委托他人代为整治,由此所产生的一切损失、费用均由承包人承担。

第 3 篇　合同的控制

由于大型集群工程项目具有工程量大、投资多、技术复杂、时间紧迫、质量要求高等特点，因此，合同管理难度大。具体表现在：一是工程施工过程中由于当事人主观因素和客观事件影响较多，几乎每个工程都不可避免地存在工程变更问题；二是由于不可预测的因素多，再加上市场竞争激烈，从而导致的违约、索赔和争议；三是合同条款本身常常隐含着许多难以预测的风险，当事人因对合同的条款理解产生歧义或因当事人违反合同的约定，不履行合同中应承担的义务等原因而产生的纠纷，这些合同问题如果不能及时解决和有效控制，就可能导致工程项目的建设目标不能实现。

为了保证工程项目施工按计划、有秩序地进行，保证正确地履行合同，就必须对工程项目的实施进行严格的合同控制，对合同控制和管理得好，不仅可使合同双方避免亏损，而且可以提高经济效益，当然这就要求合同管理人员具有较高的综合管理能力。

8 工程变更

8.1 工程变更一般规定

合同是双方当事人通过要约、承诺的方式，经协商一致达成的协议。合同成立后，当事人应当按照合同的约定履行合同。任何一方未经对方同意，都不得改变合同的内容。但是，当事人在订立合同时，有时不可能对涉及合同的所有问题都作出明确的规定，尤其是建设工程合同，由于工程复杂，标的大，履行时间长，涉及大量的人、财、物等问题，合同签订后，在合同履行前或者履行过程中会发生与原合同的约定不相适应的变化，出现一些新的情况，如果在这种情况下仍然按照原合同的要求履行，会导致合同无法履行或不能全面履行，因此需要对双方的权利义务关系重新进行调整和规定。《合同法》规定，当事人协商一致可以变更合同。但在项目施工合同中，由于工程变更涉及到工程价款的变更和索赔的处理，因此，搞好施工合同中的工程变更管理十分重要。

8.1.1 工程变更的概念和内容

1. 工程变更的概念和特点

工程变更是指施工合同成立后，当事人在原合同的基础上对合同中的有关工作内容进行修改或者补充。工程变更实质上是对合同的修改，也就是合同变更，是双方新的要约和承诺。这种修改和补充具有如下特点：

(1) 工程变更一般是指合同标的的局部改变，履行标准、履行方式或履行期限的改变等。而建设工程合同的标的即建设工程项目是合同的核心内容，当事人对该内容的变更仅为局部的变更，而不能是建设项目的全部更换，否则即意味着建设工程合同的解除。

(2) 工程变更是指权利和义务的部分改变，该改变的效力仍发生在订立合同的当事人之间，并未涉及到合同权利、义务主体的变更。如若有合同权利、义务承受主体发生变更的情况，实际上就是合同权利、义务的转让问题，而不是严格意义上的合同的变更。

(3) 工程变更往往受到严格的限制。建设工程合同中关于工程变更的条款中，有的基于当事人的合意便可予以变更，而较为重要的变更除双方当事人一致同意外，还必须履行严格的审批手续。

2. 工程变更的内容

(1) 设计变更。主要是指在项目投资估算时，项目计划、设计的详度不够；在计算项目投资时，基础数据失真、漏项少算；新技术、新材料和新规定的出台以及设计错误等。在施工中出现这些情况后，就必须对设计图纸进行补充、修改。

(2) 进度计划变更。主要包括业主没有及时交付设计资料、设计图纸；没有按规定交付施工场地、水、电、道路等；由于产生新的施工技术，有必要改变原实施方案以及业主或监理工程师的指令改变了原合同规定的施工顺序，打乱施工部署等。

(3) 施工条件变更。往往是指未能预见的现场条件或不利的自然条件，表现在施工中实际遇到的现场条件同招标文件中描述的现场条件有本质的差异，或发生不可抗力等，使承包人向业主提出施工单价和施工时间的变更要求。

(4) 新增工程。业主对工程项目有了新的要求，包括原招标文件和工程量清单中没有包括的工程项目，如扩大建设规模，增加建设内容，提高或降低建设标准，项目用途发生变化以及提供合同以外的服务项目；也包括政府部门对工程项目有新的要求等。

3. 工程变更对合同实施的影响

从工程变更的内容和特点可以看出，工程变更对合同的实施影响很大，主要表现在：

(1) 工程目标和工程实施情况的各种文件都应作相应的修改和变更。

(2) 引起合同双方、承包商的工程小组之间、总承包商和分包商之间合同责任的变化。

(3) 容易引起已完工程的返工、现场工程施工的停滞。

(4) 增加监理工程师的组织协调工作。

(5) 甚至会使业主对其工程投资失去控制。

由此可见，如果对工程变更管理不当，不仅会打乱整个施工部署，影响建设工期，而且极易引起工程造价的纠纷，影响合同的履行。

8.1.2 《施工合同示范文本》关于设计变更的规定

(1) 施工中发包人需对原工程设计变更，应提前 14 天以书面形式向承包人发出变更通知。变更超过原设计标准或批准的建设规模时，发包人应报规划管理部门和其他有关部门重新审查批准，并由原设计单位提供变更的相应图纸和说明。承包人按照工程师发出的变更通知及有关要求，进行下列需要的变更：

① 更改工程有关部分的标高、基线、位置和尺寸；

② 增减合同中约定的工程量；

③ 改变有关工程的施工时间和顺序；

④ 其他有关工程变更需要的附加工作。

因变更导致合同价款的增减及造成的承包人损失，由发包人承担,延误的工期相应顺延。

(2) 施工中承包人不得对原工程设计进行变更。因承包人擅自变更设计发生的费用和由此导致发包人的直接损失,由承包人承担,延误的工期不予顺延。

(3) 承包人在施工中提出的合理化建议涉及到对设计图纸或施工组织设计的更改及对材料、设备的换用,须经工程师同意。未经同意擅自更改或换用时,承包人承担由此发生的费用,并赔偿发包人的有关损失,延误的工期不予顺延。

(4) 工程师同意采用承包人合理化建议,所发生的费用和获得的收益,发包人承包人另行约定分担或分享。

8.1.3 发包人关于工程变更的定义

工程变更:合同文件中的任何一部分变更,或合同规定的在合同执行过程中相对合同签订时的条件发生的变化,或因变更原因概述中所提到的原因引起的包括合同项目、标的、数量、质量、价款、期限、地点和方式、违约责任和解决争议方法等的改变,且这些改变导致合同费用的增减。

工程变更严格来说应包括设计变更。为便于管理,且相对于设计变更加以区别,业主定义的工程变更主要包括以下内容;

(1) 签证:指施工图以外(含施工图有做法和说明,但工程量需在施工现场确定)的施工现场发生的实际工作,签证应由监理工程师按合同原则及规定,确认工程行为的发生与数量、是否可以计量与支付,所有签证应得到业主确认才能生效。

(2) 施工单位优化设计、改进施工工艺或所使用的材料、设备品牌规格的改变而不影响设计技术要求的项目,该部分主要反映在工程实施中的工程变更主要有:

① 经业主批准的建筑、装修采用的材质标准、品牌和规格引起的变更;

② 机电安装工程中业主批准的器材品牌和规格、型号及接口的变化;

③ 发包人要求变更工程质量标准及发生其他实质性变更。

(3) 工程变更中隐蔽工程验收除按有关规定处理外,对于设计只有做法而工程量不能确定部分需设计进行会签确定。

(4) 设计变更:在工程实施过程中因施工条件、环境或施工工艺等原因引起的施工图变更的项目。设计变更主要有:

① 由于设计变更引起新增工程项目或施工图变化的项目;

② 施工工艺及所使用的材料、设备的改变涉及到设计技术要求改变的项目;

③ 因工程的地质条件、环境条件的变化而引起的变更。

8.1.4 工程变更价款的确定

1. 确定工程变更价款的原则

(1) 合同中已有适用于变更工程的价款,按合同已有的价格计算变更合同价款。

(2) 合同中只有类似于变更工程的价款,可以参照类似价格变更合同价款。

(3) 合同中没有适用或类似于变更工程的价格,由乙方提出适当的变更价格,经监理工程师确认后执行。

监理工程师不同意乙方提出的变更价款,可以和解或者要求合同管理及其他有关主管部门调解。和解或调解不成的,双方可以采用仲裁或向人民法院起诉的方式解决。

2. 变更后合理价格的确定

由监理工程师同意和决定的变更工程的价格内包括利润。新的单价或价格决定有两种办法:

(1) 实际价格的详细核算。

(2) 可以比较同类细目单价分析表内的已有价格。

这里需要注意的是原来合同中工程量清单内的价格很明显太高或太低的不合理情况。如承包商在投标时,使用了不平衡报价法,某项工程预计施工时要有变更,报价较高。这就需要监理工程师与业主和承包商协商定出一合理价格,或由监理工程师制定一合理的价格。

作为业主和监理工程师还应注意:对于原合同内有标价的工

程量清单的费率或价格不应随便地考虑变动，除非该单项工程涉及的累计款额超过合同价格的一定比例(2%左右)。同时在该单项工程下实施的实际工程量超出或少于原工程量清单中工程量的一定比例(25%左右)及以上时。

有关基于实际发生的工程量对原估计的工程数量作出的单价调整问题，一般地讲，工程量减少，单价提高；工程量增加，单价降低。原合同中规定的工程量价格不变，只调整超过或减少部分的工程量的单价。

3. 工程变更超过15%

监理工程师在签发整个工程的竣工交接证书时，如果出现了由于工程变更和工程量表上实际工程量的增加或减少(不包括暂定金额、计日工和价格调整)，使合同价格的增加或减少合计超过有效合同价的15%，在监理工程师与业主和承包商协商后，应在合同价格中加上或减去承包商和监理工程师议定的一笔款项；如果双方未能达成一致意见，此款额应由监理工程师在考虑合同中承包商的现场管理费用和总管理费后予以确定。上述调整的金额仅限于那些增加或减少超过有效合同价格的15%的那部分款额。

4. 计日工

监理工程师如认为必要或可取时，可以指令按计日工完成任何变更的工程。

计日工通常包括在有标价的工程量清单中的一项暂定金额内，计日工主要用于工程量清单中没有合适项目的零星附加工作。有关计日工的费率和价格表一般作为工程量清单的附件包括在合同之内。

8.2 工程变更的控制程序

8.2.1 工程变更的基本控制程序

在工程变更管理中，FIDIC合同条件授予监理工程师很大的权力。只要监理工程师认为必要，便可对工程或其中任何部分的形式、质量或数量作出任何变更。同时规定除非是工程量表上的简单增加或减少,否则没有监理工程师的指示,承包商不得作任何变更。虽然 FIDIC 合同条件授予监理工程师很大的工程变更权利,但目前我国还只是推行建设监理制度,有关的规定还不完善,因此建立工程变更的控制程序,必须符合我国工程建设的实际,以便对工程变更进行更为实际的合理的管理。

(一) 工程变更的基本控制程序

1. 提出变更要求

(1) 承包商提出工程变更

如果是由承包商提出工程变更,应交与监理工程师审查。承包商在提出工程变更时,一种情况是工程遇到不能预见的地质条件或地下障碍;另一种情况是承包商为了节约工程成本或加快工程施工进度,提出工程变更。

(2) 工程相邻地段的第三方提出变更

如果是工程相邻之外的任何第三方提出工程变更的要求,监理工程师要先报请业主,由业主出面与第三方相协调,以利工程进展。

(3) 业主方提出变更

如果是业主提出工程变更,监理工程师应与承包商协商,看是否合理可行,主要看业主方提出的工程变更内容是否超出合同限定的范围。对于大而复杂的新增工程,则不能算为工程变更,只能另外签合同处理,除非承包方同意作为变更。

(4) 监理工程师提出工程变更

监理工程师往往根据工地现场的工程进展的具体情况,认为确有必要时,可提出工程变更。在承包合同施工中,常有在设计阶段考虑不周,或施工时环境发生变化,监理工程师本着节约工程成本和加快工程进度与保证工程质量的原则,提出工程变更。

有关工程变更的提出方式和内容都是很多的,这要根据具体工程项目的实际情况来决定,只要提出的工程变更在原合同规定的范围内,一般是切实可行的。若超出原合同,新增了很多工程内容和项目,则属于不合理的工程变更请求,监理工程师应和业主协商后酌情处理。

2. 监理工程师审查

无论是哪一方提出的工程变更,均需由监理工程师审查批准。对监理工程师关于工程变更的权力的任何具体限制,都应在合同专用条件中具体地加以规定。监理工程师审批工程变更时应与业主和承包商进行适当的协商,尤其是一些费用增加较多的工程变更项目,更要与业主进行充分的协商,征得业主的同意后才能批准。从我国现在推行的施工监理制度来讲,驻地监理工程师每天直接与承包商及其他参加工程建设的人员打交道。因此,应把好对工程变更管理与审批的第一个关口。驻地监理工程师和监理人员应负责有关变更的工程数量的计量与核实,以及提供有关现场的数据资料和证明,并审查提出工程变更方的理由是否充分。

工程变更的管理与审批的一般原则应为:

(1) 考虑工程变更对工程进展是否有利。

(2) 要考虑工程变更可以节约工程成本。

(3) 应考虑工程变更是兼顾业主、承包商或工程项目之外其他第三方的利益,不能因工程变更而损害任何一方的正当权益。

(4) 必须保证变更工程符合本工程的技术标准。

(5) 工程受阻,如遇到特殊风险、人为阻碍、合同一方当事人违约等不得不变更工程。

总之,监理工程师应注意处理好工程变更问题,并对合理的确定工程变更后的估价与费率非常熟悉,以免引起索赔或合同争端。

3. 编制工程变更文件

工程变更文件包括:

(1) 工程变更令。主要说明变更理由和工程变更的概况,工程变更估价及对合同价的影响。

(2) 工程量清单。工程变更的工程量清单与合同中的工程量清单相同,并需附工程量的计算记录及有关确定单价的资料。

(3) 设计图纸和技术规范。

(4) 其他有关文件等。

4. 发出变更指示

(1) 当监理工程师书面通知承包商工程变更,承包商才执行变更的工程。即必须要有监理工程师签发的书面变更通知令。

(2) 当监理工程师发出口头指令要求工程变更时,这种口头指示在事后一定要补为一份书面的工程变更指示。如果监理工程师口头指示后忘了补书面指示,承包商须在7天内以书面形式证实此项指示,交与监理工程师签字,监理工程师若在14天之内没有提出反对意见,应签字认可。

(3) 所有工程变更必须用书面或一定规格写明。对于要取消的任何一项分部工程,工程变更应在该部分工程还未施工之前进行,以免造成人力、物力、财力的浪费,并使业主多支付工程款项。

(4) 在紧急情况下,不应限制监理工程师向承包商发布他认为必要的此类变更指示。如果在上述紧急情况下采取行动,他应就情况尽快通知业主。例如,当监理工程师在工程现场认为出现了危及生命、工程或相邻第三方财产安全的紧急事件时,在不解除合同规定的承包商的任何义务和职责的情况下,监理工程师可以指示承包商实施他认为解除或减少这种危险而必须进行的所有这类工作或做所有此类事情。尽管没有业主的批准,承包商也应立即遵照监理工程师的任何此类变更指示。监理工程师应根据有关规定,给合同价格确定一个与该指示相适应的增加额,并相应地通知承包商,同时将一份复制件呈交业主。

工程变更流程图见图8-1。

(二) 工程变更报批程序

(1) 工程变更的处理一般由业主工程部负责管理。要求各单位(部门)和经办人严格遵守申报审批程序,在自己的职责范围内应尽快提出处理意见,不能无故拖延时间。工程变更报批程序见表8-1。

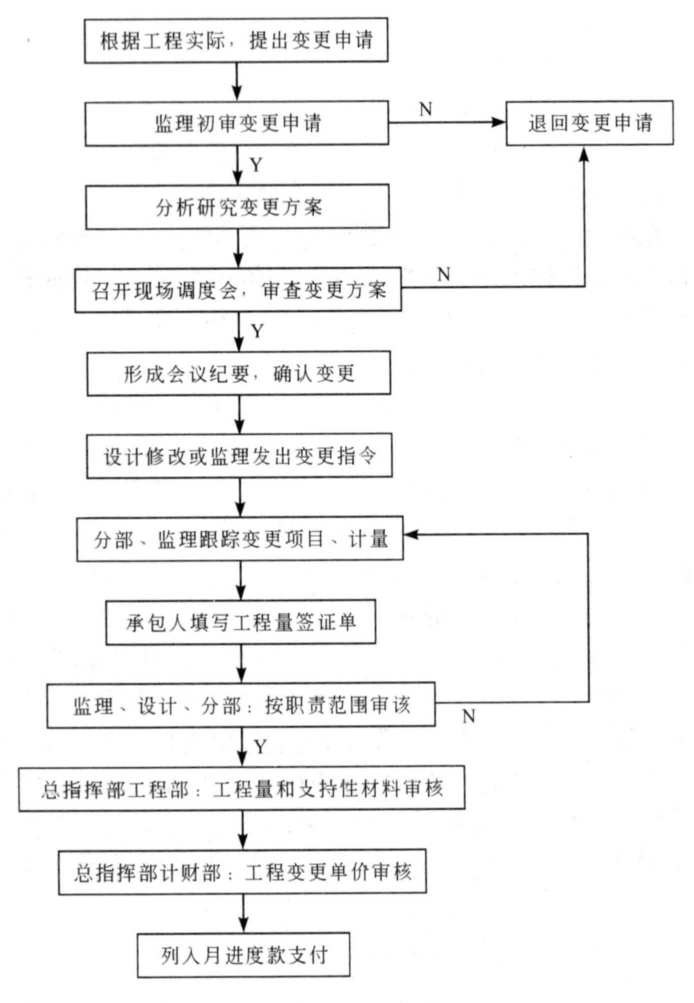

图 8-1　工程变更流程图

工程变更流程表　　　　**表 8-1**

序号	单位(部门)	工程流程及要求
1	承包商	“工程变更申请书”及相关表格送监理单位
2	监理单位	提出审核意见后，送业主技术部

续表

序号	单位(部门)	工程流程及要求
3	业主技术部	对工程变更进行技术审查
4	业主工程部	负责牵头组织业主技术部和计财合同部对除设计变更外的工程变更的会审,提出处理意见,或提出审核意见书交业主计财合同部审核
5	业主计财合同部	根据合同原则,审查变更资料完整性,费用合理性
6	业主领导审批	经业主领导审批后,加盖业主公章
7	文件分发与存档	业主计财合同部,业主工程部,由业主计财合同部分发监理单位、承包商各自存档
8	备注	若变更不成立,由业主退还原申请单位

(2) 计量支付与工程变更的规定

合同的计量与支付必须按相应的合同所规定的计量支付的原则执行。

工程变更的费用计算,应与每个合同项目在合同签订时的各项原则,报价时的计算原则相一致。即费用总构成和各单项费用构成,单价构成和费率构成应有连续性,延伸性,并不能超越或违反合同原则。工程变更计量与支付必须是工程变更批准成立后,则按有关规定进行计量与支付。

8.2.2 工程变更控制中值得注意的几个问题

(一) 监理工程师发布工程变更指示的方法

监理工程师发布变更指令,一般都应该是书面变更指示形式,但下列情况例外:

(1) 监理工程师认为发布口头变更指示已足够。

(2) 承包商及时发出了要求监理工程师对口头变更指示给予书面确认的请求,监理工程师没有在规定时间内予以答复。从承包商方面来说,应该在规定时间内尽快致函监理工程师要求对口头指示予以书面确认。在接到承包商的来函后,如果监理工程师未在规定时间内书面否认，即便在没有给予答复的情况下也可以推定工程师已承认该变更指示。对此，承包商也应该致函监理工程师声明他的沉默已构成合同法律中认为对该指示的确认。

(3) 属于原工程量清单中各工作项目的实际工程量增减，这种情况不需要监理工程师发布任何指示，只要按实际完成的工程量计量与支付即可。

(二) 工程变更的时间

从理论上讲，在合同整个有效期间，即从合同成立至缺陷责任终止证书颁发之日，都可以进行工程变更。但从实际合同管理工作来看，工程变更大多发生在施工合同签订以后，工程基本竣工之前。除非有特殊情况，在总监理工程师对整个工程发了工程竣工交接证书以后，一般不能再进行工程变更。

如果监理工程师根据合同规定发布了进行工程变更的书面指令，则不论承包商对此是否有异议，也不论监理方或业主答应给予付款的金额是否令承包商满意，承包商都必须无条件地执行此种指令。即使承包商有意见，也只能是一边进行变更工作，一边根据合同规定寻求索赔或仲裁解决。在争议处理期间，承包商有义务继续进行正常的工程施工和有争议的变更工程施工，否则可能会构成承包商违约。

(三) 工程变更的范围

工程变更只能是在原合同规定的工程范围内的变动，业主和监理工程师应注意不能使变更引起工程性质方面有很大的变动，否则应重新订立合同。其主要原因是工程性质若发生重大的变更，承包商在投标时并未准备这些工程的施工机械设备，需另购置或运进机具设备，使承包商有理由要求另签合同，而不能作为原合同的变更，除非合同双方都同意将其作为原合同的变更。即合同双方都同意将其作为工程变更对待。承包商认为某项变更指示已超出合同的范围，或监理工程师的变更指示的发布没有得到有效的授权时，可以拒绝进行变更工作；但承包商在作出这种判断时必须小心谨慎，因为如果提交仲裁，仲裁人可能会对合同规定的监理工程师及业主的权力作出非常广泛的解释。

(四) 监理工程师发布的变更指示

合同变更,不仅会使变更工作本身产生额外成本和工期延长,而且会产生连锁反应,影响与之相关的其他工作。作为承包商,若认为合同变更改变了原工作项目的性质,增加了工作难度,则要提出索赔要求和提高变更工作的单价,若导致发生了与变更相关的其他额外成本,也可以索赔得到补偿。如果变更后造成了工程量减少,承包商实际完成工程所需时间也会相应缩短。这样,工期一般不能缩短,除非合同有规定或业主、承包商和监理工程师三方协商同意。另外,承包商还应注意,如果业主取消了大量的工程内容,而没有同时增加其他替代工作,根据公平合理的原则,承包商可以对相应的可得管理费用和利润损失索赔。

承包商在施工中遇到问题或要改变施工方法时,监理工程师可能会主动地或应承包商的请求而提出建议。客观地说,工程师对这种建议不负任何责任,仅仅是建议而已。是否采纳以及由此产生的后果均由承包商自己承担。而在实际工作过程中,承包商有时会试图将工程师的一些建议作为工程变更令,以便得到与此有关的经济补偿。

(五) 合同中的推定变更及处理

推定变更是指工程师虽没有按合同发布变更令,但实际上要求承包商干的工作已经与原合同不同或有额外的工作。推定变更可以通过工程师或驻地监理的行为来推定,一般要证明:原合同规定的施工要求是什么,实际上承包商自己的工作已超出了合同要求,并且是按监理工程师或其代表的要求。这样,便可证明为推定变更。推定变更同指令变更,承包商有权获得额外费用补偿。常发生的推定变更情况如下:

(1) 业主要求的修改与变动。在施工过程中,如果业主对技术规范进行修改与变动,又没按合同规定程序办理变更通知,可看作推定变更。或者是新近颁布了技术规范或施工管理规定,对原合同要求标准提高,也可归属于“业主要求的修改”,推定为变更。

据此,承包商可提出索赔要求。

(2) 监理工程师的不适当拒绝。这表现为两个方面:一方面是监理工程师认为承包商用于工程上的材料或施工方法等不符合技术规范的要求,从而拒绝该方法或材料,可事后又证明监理工程师的认识是错误的。这种不适当的拒绝则构成了推定变更。若因此而使承包商花费了额外款项,则有权索赔并得到补偿。另一方面是承包商在施工的过程中,若监理工程师在发现承包商的施工缺陷后,没有在规定的合理时间内拒绝该工作,也可以认为监理工程师已默许并改变了原来的工程质量要求,这也构成推定变更。若后来监理工程师又拒绝接受认可该工作,就又属于不适当拒绝。因此而造成承包商不得不进行的缺陷修复或返工,可认为是因推定变更而引起,承包商可要求额外费用补偿。

(3) 干扰和影响了正常的施工程序。如果业主或监理工程师的行为实质上影响到承包商的正常施工程序,就构成了推定变更。由此产生的干扰会给承包商造成生产效率的降低,增加工程成本,即会使承包商不能按计划进行施工,导致停工,人员和机械设备闲置,以及其他额外费用等问题。因此,承包商有权提出索赔并得到相应的经济补偿。

(4) 图纸与技术规范中的缺陷。由业主方提供的技术规范和图纸,应由业主负责任。若承包商按技术规范和图纸进行施工,如果出现了缺陷,则属于业主的失误和责任。从理论上讲,为了保护承包商的正当利益,起草技术规范和图纸方的业主,一般被认为提供了暗示担保:如果承包商遵守该技术规范,工程就能够达到合同的预定目标要求。即便是建成的工程不能令人满意,承包商也没有责任。如果是因技术规范和图纸有缺陷,则承包商有权向业主索赔由此而增加的额外成本费用。

(5) 按技术规范和图纸工作的不可能。这是指合同所要求的工作根本无法实现,即实际工作上的不可能;或者是合同所要求的工作不能在合理的时间、成本或努力之内完成,即专业上的不可行。承包商要以工作实施的不可能为理由得到补偿比较困难,况且在下列几种情况下承包商应自己承担风险，如签订合同时已能预料到工作实施不可能；或仅涉及到施工规范；或者图纸及技术规范等是由承包商自己提供的；或合同中有明文条款规定承包商应承担这种风险。承包商若要对工作实施的不可能得到索赔补偿，则必须设法去证明：从法律和工程意义上看，技术规范所要求的工作是不可行的，并且是在签合同时承包商所完全不知道或无法合理预料到的，这种风险该由业主来承担。

8.3 工程变更的合同管理

8.3.1 工程设计变更

（1）严格执行建设项目计量支付与变更管理办法的有关规定，工程变更包括合同文件中的任何一部分变更，或合同规定的在合同执行过程中相对合同签订时的条件发生的变化，或因变更原因概述中所提到的原因引起的包括合同项目、标的、数量、质量、价款、期限、地点和方式、违约责任和解决争议方法等的改变，且这些改变导致合同费用的增减。但《合同通用条款》中关于“延误的工期相应顺延”的内容按《合同专用条款》的约定执行。

（2）如实施过程中发现设计上有错误或严重不合理，承包人应以书面形式通知发包人和总监理工程师，经总监理工程师审查并报发包人同意后，由发包人与设计单位商定修改或变更设计方案进行实施。

（3）变更应由总监理工程师及发包人共同发出变更指令，没有总监理工程师及发包人共同发出的指令，承包人不得进行上述变更。

（4）按施工图纸实施使得工程量少于施工合同工程量清单中的数量的，则该项工程量减少不需要任何指令。

（5）所有涉及工期的变更均应获得发包人正式批准才能生效。

8.3.2 确定变更价款

1. 在发生了有关计量支付与变更管理办法所述规定的变更后,承包人在收到发包人变更通知后及时按合同规定的计价方式内容编出变更工程费用送交监理单位,监理单位应及时审核并签署意见后报发包人,发包人收到后及时答复。

2. 在工程变更价款计算时,承包人按如下方法提出变更价格,报监理单位和发包人批准:

(1) 建筑、一般装饰装修、标段内的区内道路及室外附属工程变更价款调整办法为:

① 只是项目工程量改变时,按实计算工程量,并沿用相应项目的单价及计费原则和程式。工程量改变是指经发包人批准的施工图内容与招标图纸发生变化,引起工程量的变化(增加或减少)。

② 只是项目用料(包括规格)改变时,只调整相应项目的主材费用,如主材单价表没有该种材料,由承包人根据工程量清单相似或相近项目的报价水平报价,相似或相近项目指主要材料的品牌、型号、规格、厚度、质量等级、产地、种类、混凝土(或砂浆)强度等级、配合比等发生变化,那么该项目的结算单价按相似或相近项目的综合单价。进行换算,换算时只计算主要材料价差。

③ 当项目的工程量及主要材料同时改变时,同时调整相应项的工程量及主材费用,其计费原则不变。

④ 若工程量清单中未有的项目,则参照工程量清单类似项目计价,没有类似项目的,在不考虑下列定额中管理费的条件下,参照有关建筑工程综合定额、装饰装修工程综合定额、市政工程综合定额、机电安装工程综合定额、市政工程综合定额等计算直接费(或成本价),材料价参照当地的建设工程材料指导价(除机电安装工程主材外,下浮比例按实确定),收费按承包人投标文件“未列项目(清单外项目)收费明细表”中承诺的收费水平计算。

⑤ 当工程造价超过原中标价一定幅度(如≤10%)时,按原投标文件的收费规定进行计价;当工程造价增加一定的幅度(如>10%)时,所增加的工程造价部分应下浮。

(2) 室内机电安装工程变更价款调整办法为:

① 室内机电安装费用:按每平方米建筑面积单价包干,仅当建筑面积发生变化时,安装费用总价根据建筑面积的变化作相应调整,其单价不变。图纸变更、设计修改变更、拆除及修改均不考虑调整每平方米建筑面积单价。

② 机电安装工程主材价款:按一定时点当地建设工程材料指导价格中的经发包人审定选用的材料单价乘以中标人投标文件中所报的下浮率作为材料单价,乘以经发包人审定的材料安装结算数量作为变更价款。

③ 机电安装工程主材的确定应按建设项目建筑装饰、机电安装材料采购管理办法中的相应条款。

9 违约、索赔和争议

9.1 违约、索赔、争议的一般规定

9.1.1 违约

(一) 发包人违约

当发生下列情况时发包人应承担违约责任:

(1) 发包人不按时支付工程预付款。

(2) 发包人不按合同约定支付工程款,导致施工无法进行。

(3) 发包人无正当理由不支付工程竣工结算价款。

(4) 发包人不履行合同义务或不按合同约定履行义务的其他情况。

发包人承担的违约责任,应包括赔偿因其违约给承包人造成的经济损失,顺延延误的工期。双方在专用条款内约定发包人赔偿承包人损失的计算方法或者发包人应当支付违约金的数额或计算方法。

(二) 承包人违约

当发生下列情况时承包人承担违约责任:

(1) 因承包人原因不能按照协议书约定的竣工日期或工程师同意顺延的工期竣工。

(2) 因承包人原因工程质量达不到协议书约定的质量标准。

(3) 承包人不履行合同义务或不按合同约定履行义务的其他情况。

承包人承担的违约责任,主要是赔偿因其违约给发包人造成的损失。双方在专用条款内约定承包人赔偿发包人损失的计算方法或者承包人应当支付违约金的数额或计算方法。

不论是发包方还是承包方,一方违约后,另一方要求违约方继

续履行合同时,违约方承担上述违约责任后仍应继续履行合同。

9.1.2 索赔

当一方向另一方提出索赔时,要有正当索赔理由,且有索赔事件发生时的有效证据。

发包人未能按合同约定履行自己的各项义务或发生错误以及应由发包人承担责任的其他情况,造成工期延误和(或)承包人不能及时得到合同价款及承包人的其他经济损失,承包人可按下列程序以书面形式向发包人索赔:

(1) 索赔事件发生后28天内,向工程师发出索赔意向通知。

(2) 发出索赔意向通知后28天内,向工程师提出延长工期和(或)补偿经济损失的索赔报告及有关资料。

(3) 工程师在收到承包人送交的索赔报告和有关资料后,于28天内给予答复,或要求承包人进一步补充索赔理由和证据。

(4) 工程师在收到承包人送交的索赔报告和有关资料后28天内未予答复或未对承包人作进一步要求,视为该项索赔已经认可。

(5) 当该索赔事件持续进行时,承包人应当阶段性向工程师发出索赔意向,在索赔事件终了后28天内,向工程师送交索赔的有关资料和最终索赔报告。索赔答复程序与(3)、(4)规定相同。

承包人未能按合同约定履行自己的各项义务或发生错误,给发包人造成经济损失,发包人可按上述确定的时限向承包人提出索赔。

9.1.3 争议

发包人与承包人在履行合同时发生争议,可以和解或者要求有关主管部门调解。当事人不愿和解、调解或者和解、调解不成的,双方可以在专用条款内约定以下一种方式解决争议:第一种解决方式是双方达成仲裁协议,向约定的仲裁委员会申请仲裁;第二种解决方式是向有管辖权的人民法院起诉。

发生争议后,除非出现下列情况的,双方都应继续履行合同,保持施工连续,保护好已完工程:

(1) 单方违约导致合同确已无法履行，双方协议停止施工。

(2) 调解要求停止施工，且为双方接受。

(3) 仲裁机构要求停止施工。

(4) 法院要求停止施工。

9.2 工期索赔与费用索赔

9.2.1 工程延期索赔

为了使工程项目尽快投入运营，以便早日发挥投资的效益，因此合同中必须确定完成该合同所包含的工作量的期限，以督促承包方积极进行工作。限定工程建设周期的重要性，首先使建设项目的功能能够按照国家或主管部门的需要及时发挥作用；其次对建设工程的各方而言，都有直接与建设周期联系的经济效益；再次若不能按合同规定如期完成工作，会影响其他的合同不能顺利进行，不仅使经济受损失，还要滋生出许多合同的纠纷和争端。因此，研究工程延期索赔问题十分重要。

(一) 工期延期的种类

(1) 工期延误

延误是指工程进度方面的延误，是由各种原因而造成的工程施工不能按原定时间要求进行。通常可以把延误分为可原谅延误与不可原谅延误；可补偿延误与不可补偿延误；共同延误与非共同延误；关键延误与非关键延误等。

(2) 施工加速

施工加速是指承包商不得不在单位时间内投入比原计划更多的人力、物力与财力进行施工，以加快施工进度。包括直接指令加速和推定加速。当承包商被指令(无论是直接地或推定地)以某种方式加快施工速度时，就发生了“施工加速”问题。如果监理工程师要求比原计划提前完成工程，或者发生了可原谅延误但监理工程师未批准延长工期，承包商必须按原定完工日期完工，这都导致工程施工加速。施工加速通常会引起成本的增加，但必须注意，只有非承包商过错引起的施工加速才是可补偿的。如果承包商发现自己的施工比原计划落后了而自己加速施工以赶上进度，则业主无义务给予补偿。承包商还应赔偿业主一笔附加监理费，因承包商原因加快工程进度，使业主多支付了监理费。

（二）工程延期的申请与审批

（1）承包商申请延期

承包商在非自己原因引起工期延误时，应在该事件发生之后，立即写一份申请延长合同工期的意向书，定性地先报予监理工程师，并报业主备案，随后详细列出自己认为有权要求延期的具体情况、证据、记录和网络计划图等，以供监理工程师审批。

（2）监理工程师审批延期的程序

监理工程师在收到承包商的延期申请和详细补充资料及证据后，应在合理时间内进行审查、核实与详细计算。不应无故拖延时间，以免出现承包商声称被迫加速施工，而要求支付赶工费用。

① 临时批准。

监理工程师作出延期决定的时间有些合同并没有明确规定。但在实际工作中，监理工程师必须在合理的时间内作出决定，否则承包商可以由于延期迟迟未获准而被迫加快工程进度为由，提出费用索赔。为了避免这种情况发生，又使监理工程师有比较充裕的时间评审延期，对于某些较为复杂或持续时间较长的延期申请，监理工程师可以根据初步评审，给予一个临时的延期时间，然后再进行详细的研究评审，书面批准有效延期时间。合同条件规定，临时批准的延期时间不能长于最后的书面批准的延期时间。

② 最终批准。

严格地讲，在承包商未提出最后一个延期申请时，监理工程师批准的延期时间都是暂定的延期时间。最终延期时间应是承包商的最后一个延期申请批准后的累计时间，但并不是每一项延期时间都累加，如果后面批准的延期内包含有前一个批准延期的内容，则前一项延期的时间不能予以累计，这称为时间的搭接。

（3）工程延期审批的依据

① 工程延期事件是否属实,强调实事求是。

② 是否符合本工程合同规定。

③ 延期事件是否发生在工期网络计划图的关键线路上,即延期是否有效合理。

④ 延期天数的计算是否正确,证据资料是否充足。

上述四条中,只有同时满足前三条,延期申请才能成立。至于时间的计算,监理工程师可能根据自己的记录,作出公正合理的计算。

延期审批应注意的问题:一是关键线路并不是固定的,随着工程进展,关键线路也在变化,而且是动态变化。二是关键线路的确定,必须是依据最新批准的工程进度计划。

(4) 加强工程进度控制,尽量避免和减少工程延期

关于工程延期问题,应尽量避免和减少,使工程能按期或提早完工,发挥其工程效益。要防止工程延期的发生,就必须做到以下几点:

① 不管是监理工程师还是业主和承包商,都必须熟悉和掌握有关合同条件和技术规范,严格遵守和执行合同。

② 作为业主应多协调,少干预;必须尽量避免由于行政命令的干扰引起的工程延误。

③ 应尽量避免由于图纸延迟发出、征地拆迁延误、工程暂停和不按程序办理工程变更等引起的延期。

④ 监理工程师必须掌握第一手原始资料,认真作好“监理日志”等原始记录,以了解工地现场的实际情况。

⑤ 监理工程师必须对承包商的进度计划安排给予充分重视。

(三) 延期计算方法

工程承包实践中,对延期天数的计算有下面几种方法:

(1) 工期分析法。即依据合同工期的网络进度计划图,考察承包商按监理工程师的指示,完成各种原因增加的工程量所需用的工时,以及工序改变的影响,算出进度损失以确定延期的天数。

(2) 实测法。承包商按监理工程师的书面工程变更指令,完

成变更工程所用的实际工时。

(3) 类推法。按照合同文件中规定的同类工作进度计算工期延长。

(4) 工时分析法。某一工种的分项工程项目延误事件发生后,按实际施工的程序统计出所用的工时总量,然后按延误期间承担该分项工程工种的全部人员投入来计算要延长的工期。

(5) 造价比较法。若施工中出现了很多大小不等的工期索赔事由,较难准确地单独计算且又麻烦时,可经双方协商,采用造价比较法确定工期补偿天数。

(6) 折合法。当计算出某一分部分项工程的工期延长后,还要把局部工期转变为整体工期。这可以用局部工程的工作量占整个工程工作量的比例来折算。

9.2.2 工程费用索赔

(一) 索赔费用的组成

索赔费用的主要组成部分,同建设工程施工承包合同价的组成部分相似。由于我国关于施工承包合同价的构成规定与国际惯例不尽一致,所以在索赔费用的组成内容上也有所差异。按照我国现行规定,建筑安装工程合同价一般包括直接费、间接费、利润和税金。而国际上的惯例是将建安工程合同价分为直接费、间接费、利润三部分。

从原则上说,凡是承包商有索赔权的工程成本的增加,都可以列入索赔的费用。但是,对于不同原因引起的索赔,可索赔费用的具体内容则有所不同。哪些内容可索赔,哪些内容不可索赔,则需要具体地分析与判断。

另外还需注意的是,施工索赔中以下费用是不允许索赔的:承包商对索赔事项的发生原因负有责任的有关费用;承包商对索赔事项未采取减轻措施,因而扩大的损失费用;承包商进行索赔工作的准备费用;索赔款在索赔处理期间的利息;工程有关的保险费用。

(二) 索赔费用的计算方法

(1) 分项法

该方法是按每个索赔事件所引起损失的费用项目分别分析计算索赔值的一种方法。这一方法是在明确责任的前提下,将需索赔的费用分项列出,并提供相应的工程记录、收据、发票等证据资料,这样可以在较短时间内给以分析、核实,确定索赔费用顺利解决索赔事宜。在实际中,绝大多数工程的索赔都采用分项法计算。

分项法计算通常分三步:

① 分析每个或每类索赔事件所影响的费用项目,不得有遗漏。这些费用项目通常应与合同报价中的费用项目一致。

② 计算每个费用项目受索赔事件影响后的数值,通过与合同价中的费用值进行比较即可得到该项费用的索赔值。

③ 将各费用项目的索赔值汇总,得到总费用索赔值。分项法中索赔费用主要包括该项工程施工过程中所发生的额外人工费、材料费、施工机械使用费、相应的管理费,以及应得的间接费和利润等。由于分项法所依据的是实际发生的成本记录或单据,所以在施工过程中,对第一手资料的收集整理就显得非常重要。

(2) 总费用法

总费用法又称总成本法,就是当发生多次索赔事件以后,重新计算出该工程的实际总费用,再从这个实际总费用中减去投标报价时的估算总费用,计算出索赔余额,具体公式是:

索赔金额 = 实际总费用 - 投标报价估算总费用

采用总费用法进行索赔时应注意如下几点:

① 采用这个方法,往往是由于施工过程上受到严重干扰,造成多个索赔事件混杂在一起,导致难以准确地进行分项记录和收集资料、证据,也不容易分项计算出具体的损失费用,只得采用总费用法进行索赔。

② 承包商报价必须合理,不能是采取低价中标策略后过低的标价。

③ 该方法要求必须出具足够的证据,证明其全部费用的合理性,否则其索赔款额将不容易被接受。

④ 因为实际发生的总费用中可能包括了承包商的原因(如施工组织不善、浪费材料等)而增加了的费用,同时投标报价估算的总费用由于想中标而过低。所以这种方法只有在难以按分项法计算索赔费用时,才使用此法。

(3) 修正总费用法

修正的总费用法是对总费用法的改进,即在总费用计算的原则上,去掉一些不合理的因素,使其更合理。修正的内容如下:

① 将计算索赔款的时段局限于受到外界影响的时间,而不是整个施工期。

② 只计算受影响时段内的某项工作所受影响的损失,而不是计算该时段内所有施工工作所受的损失。

③ 与该项工作无关的费用不列入总费用中。

④ 对投标报价费用重新进行核算:按受影响时段内该项工作的实际单价进行核算,乘以实际完成的该项工作的工作量,得出调整后的报价费用。

按修正后的总费用计算索赔金额的公式如下:

索赔金额 = 某项工作调整后的实际总费用 - 该项工作的报价费用

修正的总费用法与总费用法相比,有了实质性的改进,已相当准确地反映出实际增加的费用。

9.2.3 索赔文件内容及注意事项

(一) 索赔文件

索赔文件也称索赔报告,是承包商向业主索赔的正式书面材料,也是业主审议承包商索赔请求的主要依据。

1. 索赔报告的内容

(1) 标题。索赔报告的标题应该能够简要准确地概括索赔的中心内容。

(2) 事件。详细描述事件过程,主要包括:事件发生的工程部位、发生的时间、原因和经过、影响的范围以及承包方当时采取的防止事件扩大的措施、事件持续时间、承包方已经向业主或监理工程师报告的次数及日期、最终结束影响的时间、事件处置过程中的有关主要人员办理的有关事项等。

(3) 理由。是指索赔的依据，主要是法律依据和合同条款的规定。合理引用法律和合同的有关规定，建立事实与损失之间的因果关系，说明索赔的合理合法性。

(4) 结论。指出对方造成的损失或损害及其大小，主要包括要求补偿的金额及工期，这部分只须列举各项明细数字及汇总数据即可。

(5) 详细计算书。为了证实索赔金额和工期的真实性，必须指明计算依据及计算资料的合理性，包括损失费用、工期延长的计算基础、计算方法、计算公式及详细的计算过程。

(6) 附件。包括索赔报告中所列举事实、理由、影响等的证明文件和证据。

2. 索赔报告的基本要求

编制索赔报告是索赔过程中的一项重要工作。索赔报告的表述方式对索赔的解决有重大影响。一般要注意如下几方面：

(1) 索赔事件要真实、证据确凿。这是整个索赔的最基本要求。这既关系到索赔的成败，也关系到承包商的信誉。索赔针对的事件必须实事求是，有确凿的证据，使对方无可推却和辩驳。对事件叙述要清楚明确，不应包含任何估计或猜测。避免造成说服力不强。

(2) 强调事件的不可预见性和突发性。说明即使一个有经验的承包商对它不可能有预见或有准备，也无法制止，并且承包商为了避免和减轻该事件的影响和损失已尽了最大的努力，采取了能够采取的措施，从而使索赔理由更加充分，更易于对方接受。

(3) 论述要有逻辑，说服力要强。明确阐述由于索赔事件的发生和影响，使承包商的工程施工受到严重干扰，并为此增加了支出，拖延了工期。应强调索赔事件、对方责任、工程受到的影响和索赔之间有直接的因果关系。

(4) 责任分析要清楚。一般索赔所针对的事件都是由于非承包商责任而引起的，因此，在索赔报告中要善于引用法律和合同中的有关条款，详细、准确地分析并明确指出对方应负的全部责任，不可在责任分析上模棱两可、含糊不清。

(5) 计算索赔值要合理、准确。索赔文件应完整地列出索赔值的详细计算资料，指明计算依据、计算原则、计算方法、计算过程及计算结果的合理性，必要的地方应作详细说明。要避免高估冒算，不切实际地漫天要价。

(6) 简明扼要。索赔报告在内容上应组织合理，书写时要条理清楚，既能完整地反映索赔要求，又要避免长篇大论。尽量做到简明扼要，使对方能很快地理解索赔的本质。同时，用语应尽量婉转，避免使用强硬、不客气的语言。

(二) 索赔的注意事项

(1) 索赔必须以合同为依据。

遇到索赔事件时，监理工程师必须以完全独立的身份，站在客观公正的立场上审查索赔要求的正当性，必须对合同条件、协议条款等有详细的了解，以合同为依据来公平处理合同双方的利益纠纷。由于合同文件的内容相当广泛，包括合同协议、图纸、合同条件、工程量清单以及许多来往函件和变更通知，有时会形成自相矛盾，或作不同解释，导致合同纠纷。根据有关规定，合同文件有解释顺序，并能互相解释、互为说明。

(2) 必须注意资料的积累。

积累一切可能涉及索赔论证的资料，如承包商、业主研究的技术问题、进度问题和其他重大问题的会议应当做好文字记录，并争取会议参加者签字，作为正式文档资料。同时应建立严密的工程日志制度，承包方对工程师指令的执行情况、抽查试验记录、工序验收记录、计量记录、日进度记录以及每天发生的可能影响到合同协议的事件的具体情况等，同时还应建立业务往来的文件编号档案等业务记录制度，做到处理索赔时以事实和数据为依据。

(3) 及时、合理地处理索赔。

索赔发生后，必须依据合同的准则及时地对索赔进行处理。

如果承包方的合理索赔要求长时间得不到解决,单项工程的索赔积累下来,有时可能会影响整个工程的进度。此外,拖到后期综合索赔,往往还牵涉到利息、预期利润补偿、工程结算以及责任的划分、质量的处理等,大大增加了处理索赔的困难。因此尽量将单项索赔在执行过程中加以解决,这样做不仅对承包方有益,同时也体现了处理问题的水平,既维护了业主的利益,又照顾了承包方的实际情况。处理索赔还必须注意索赔计算的合理性。

(4) 加强索赔的前瞻性,有效避免过多索赔事件的发生。

在工程的实施过程中,监理工程师要将预料到的可能发生的问题及时告诉承包商,避免由于工程返工所造成的工程成本上升,这样也可以减轻承包商的压力,减少其想方设法通过索赔途径弥补工程成本上升所造成的利润损失。另外,监理工程师在项目实施过程中,应对可能引起的索赔有所预测,及时采取补救措施,避免过多索赔事件的发生。

9.3 违约、索赔与争议解决的合同管理

9.3.1 违约

(一) 发包人违约的情形及承担违约责任的方式

发包人违约的情形限于违反合同专用条款关于工程预付款的约定及《合同通用条款》中关于发包人违约的情形,承担违约责任方式如下:

(1) 违反合同专用条款关于工程预付款的约定而应承担的违约责任:工程开工后,发包人不按时支付工程预付款的,除支付本合同约定的工程预付款外,还应按同期银行活期存款利率给承包人计付利息;造成承包人停工的,工期顺延。

(2) 违反《合同通用条款》约定而应承担的违约责任:发包人不按合同约定支付工程款的,除应支付本合同约定的工程进度款外,还应按同期银行活期存款利率给承包人计付利息;造成承包人不能按合同约定进行施工,工期应按发包人延迟支付工程进度款

的时间予以顺延。

(3) 违反《合同通用条款》约定而应承担的违约责任：发包人无正当理由不支付给承包人工程竣工结算款的，除应支付承包人工程竣工结算款外，还应按同期银行活期存款利率给承包人计付拖欠工程价款期间的利息。

（二）承包人违约的情形及承担违约承担的方式

1. 承包人承担违约责任形式包括但不限于：

(1) 书面警告。承包人未履行或未按时履行或未按质履行义务时，监理工程师或发包人有权向承包人发出书面警告，每次书面警告，承包人应当支付违约金给发包人。

(2) 限期改正。承包人收到书面警告后仍不改正，监理工程师或发包人有权向承包人发出《违约责任通知书》，要求承包人必须在监理工程师或发包人限定的时间内履行义务，同时，承包人应当向发包人支付违约金。

(3) 一般违约责任。承包人违反本合同的约定须承担一般违约责任时，必须主动向发包人交纳违约金；若承包人再犯性质相同的违约行为，按规定加重处罚。

(4) 严重违约责任。承包人违反本合同的约定须承担严重违约责任时，必须向发包人交纳违约金。

(5) 部分解除合同。当承包人违反本合同的约定符合解除部分合同的条件时，发包人有权向承包人发出书面解除部分合同的通知，该通知在送达承包人时部分解除合同即生效。部分解除合同的法律后果依照《合同通用条款》的相关约定执行。

(6) 解除合同。当承包人违反本合同的约定符合解除全部合同的条件时，发包人有权向承包人发出书面解除全部合同的通知，该通知在送达承包人时解除合同即生效。解除合同的法律后果依照《合同通用条款》的相关约定执行。

(7) 赔偿损失。因承包人原因造成发包人经济损失的，承包人应向发包人赔偿因其造成的直接经济损失。

2. 合同约定：三次限期改正责任相当于一次一般违约责任；

三次一般违约责任相当于一次严重违约责任；在累计三次严重违约责任，发包人有权单方部分或全部解除合同。

3. 根据合同相关条款的规定，承包人违约须向发包人支付违约金或赔偿金时，发包人有权从应支付给承包人的工程款中直接抵扣。如在月工程款无法扣付，或扣除月工程款会影响工程正常施工时，发包人将按履约银行保函实施管理明细的规定，按比例扣除履约保证金。

4. 工期延误方面的违约责任：

(1) 承包人违反协议书及合同专用条款的相关约定延期开工的，应给发包人支付违约金；迟延开工超过约定天数的，发包人有权解除合同，将本工程另行发包，并不免除承包人的违约赔偿责任。

(2) 承包人违反合同专用条款的约定单方停工的，比照有关条款承担违约责任。

(3) 承包人违反有关的约定造成工程关键节点工期延误时，应制定承担的责任，如每延误1天的，应支付违约金给发包人；延误超过约定天数的，发包人有权停发当月的工程进度款；延误约定天数以上的，承包人应制定出具体可行的自行赶工措施，报发包人和总监理工程师批准。如发包人认为承包人的赶工计划不可行，则发包人有权解除合同，并要求承包人赔偿发包人的实际损失。

(4) 承包人违反《合同通用条款》的约定造成工程不能按照合同协议书及合同专用条款约定的竣工日期竣工的，承包人必须向发包人支付违约金（违约金的总额不超过合同总价的30%），并赔偿发包人因此遭受的实际损失；逾期超过约定天数的，承包人除必须支付违约金和赔偿损失外，发包人还有权单方解除未完成部分工程合同。

(5) 合同专用条款中规定以上所述的合同价款为扣除甲招乙供材料价款和分包工程价款后，承包人自行施工的价款。

5. 工程质量方面的违约责任

(1) 发包人和总监理工程师按照有关的约定抽查承包人的工

程材料时,发现所检查的材料与该条款约定的标准的任何一项不符合时,承包人除必须全部退货、返工,并赔偿由此造成的损失外,承包人应当按照该批次材料的价值,承担违约责任:

① 承包人承担1次一般违约责任的单宗材料价值范围或批次材料价值范围。

② 承包人承担1次严重违约责任的单宗材料价值范围或批次材料价值范围。

③ 单宗或批次材料价值超过约定价值以上的,发包人有权部分解除合同或解除合同,并要求承包人赔偿发包人由此遭受的实际损失。

④ 对于单宗或批次材料价值不高于约定价值的,但累计抽检不合格超过约定次数的,承包人承担1次一般违约责任。

(2) 承包人按有关的约定对各工序必须报验核查质量控制点。如承包人申请报验后,经总监理工程师或发包人检查发现存在较大质量问题(如存在质量问题的部分超过检查部分工程的10%的),则该工序质量为不合格,承包人必须对不合格部分进行返工,返工后经检查合格才准进入下一工序,工期不予顺延。复检的结果,按每一分项工程计算,总计发现约定次数以下或连续发现质量控制点不合格的,承包人应当承担一般违约责任;总计发现超过约定次数以上或连续发现质量控制点不合格的,承包人承担严重违约责任;承包人采取整改措施后效果仍不明显的,发包人有权部分解除合同,将该分项工程另行发包,并不免除承包人应承担的违约赔偿责任。

(3) 工程竣工验收达不到合同约定的质量标准的,承包人向发包人交纳违约金。

(4) 工程保修期内发现重大质量不合格问题(该重大质量问题应界定为达不到要求的质量标准,属质量保修的问题除外),承包人必须在规定的期限返工并达到合同约定的质量等级,并向发包人承担支付违约金的责任。

6. 安全生产方面的违约责任

(1) 承包人在政府行政主管部门组织的质量安全检查中，被发现存在严重的安全隐患，被通报批评，或被新闻媒体曝光造成不良后果或影响的，承包人必须承担严重违约责任；造成严重社会影响或累计被通报或被曝光次数达到约定次数的，发包人有权解除合同，将本工程另行发包，并不免除承包人应承担的违约赔偿责任。

(2) 承包人在发包人、总监理工程师进行的日常质量安全检查中，被发现存在安全隐患的，承包人应限期改正。若同样问题被连续发现的或累计类似问题被发现约定次数的，承包人必须承担一般违约责任；此类问题的认定，以发包人、总监理工程师书面通知、指令、通报和会议纪要为准。

(3) 承包人因自身原因造成的重大安全事故(含工程质量事故)的，除按国家规定由行政主管部门处罚外，承包人必须依照有关约定承担违约责任：

发生重大事故，发包人视情况严重性，有权部分或全部解除合同，按有关约定执行。

承包人依照约定支付的违约金后，所支付的违约金不足于弥补发包人损失的，承包人必须据实赔偿。

7. 文明施工、环境保护方面的违约责任

(1) 发包人、总监理工程师按照合同专用条款的有关约定，对承包人文明施工措施进行对照检查。经检查发现承包人因自身原因未能落实的，承包人必须承担一般违约责任，并限期改正；如不限期改正，承包人须承担严重违约责任。

(2) 在政府行政主管部门的检查中，承包人的施工场地被评为不合格工地的，或者被通报批评的，或者被新闻媒体曝光的，承包人必须承担严重违约责任，并立即采取切实有效措施予以整改；拒不采取切实有效的措施整改的，或整改效果不明显的，发包人有权部分或全部解除合同，并要求承包人赔偿由此造成的损失。

(3) 承包人在施工过程中因其自身原因造成周围环境卫生状况较差，被其他施工单位或周围居民投诉的，承包人必须在当天内整改。若故意拖延或同样问题累计被投诉超过约定次数的，经查实，承包人必须承担一般违约责任。

8. 工程分包、转包方面的违约责任

承包人擅自分包或者转包工程的，发包人有权单方部分解除合同或解除合同，由此而造成的经济损失由承包人负责赔偿。

9. 其他违约责任

(1) 承包人违反有关约定，如指挥长、项目经理及现场管理机构主要部门负责人在开工前未全部到位等，每发现一例，承包人必须按照总监理工程师或者发包人的指令限期改正，并承担一般违约责任；承包人拒不限期改正的，必须承担严重违约责任，直至部分或全部解除合同。

(2) 承包人必须服从监理单位管理，主动支持监理单位的工作，对监理单位的指令，若无正当理由而公开或变相拒不执行的，承包人须承担严重违约责任，并承担由此造成的一切经济损失。

(3) 承包人的指挥长、项目经理或技术负责人必须参加监理单位或发包人主持的工程例会和其他要求的专题会议。除获得监理单位或发包人批准外，每次无故缺席，承包人须承担一般违约责任。

(4) 经综合考评委员会考评，对每次考评不合格的承包人必须按照总监理工程师或者发包人的指令限期改正，并承担一般违约责任。承包人拒不限期改正的，或整改效果不明显的，承包人必须承担严重违约责任。若连续多次考评不合格，承包人必须承担严重违约责任，并必须按照总监理工程师或者发包人的指令限期改正。承包人拒不限期改正的，或整改效果不明显的，发包人有权单方部分解除合同或解除合同。由此所造成的损失(含另行发包的合同价差)全部由承包人承担，同时，并不免除承包人的违约赔偿责任，有关部分或全部解除合同按有关条款执行。

(5) 与发包人制订的在建设项目中开展有关劳动竞赛等综合考评管理办法或文件不一致，应以开展有关劳动竞赛等综合考评管理办法或文件为准。

10. 除上述约定之外,承包人有违反其他合同义务的,均构成违约,应当承担一般违约责任。

11. 合同条款中将部分合同或全部合同解除后,该工作内容由发包人另行发包或划拨给其他有能力的承包人,特殊情况外,一般均指在综合考评中表现突出(指综合考评排名靠前)且有能力的其他承包人。

(三) 承包人违约责任的认定程序:

(1) 由监理人、监理总协调单位提出书面意见报发包人,发包人审核后,出具书面警告给承包人;

(2) 承包人收到书面警告两天内,可向发包人提出书面意见,否则,发包人将出具《违约责任通知书》给承包人;

(3) 书面警告和《违约责任通知书》于送达承包人时即生效;

(4) 书面警告和《违约责任通知书》的送达承包人的方式为下列任一种:承包人或其本项目的指挥长或项目经理签收;或者,发包人以挂号邮寄送达。

9.3.2 索赔

1. 发包人、承包人均具有向对方索赔的权利。

2. 承包人向发包人索赔的程序:

(1) 当索赔事件首次发生后,在规定时间内承包人将自己的索赔意向书面通知监理单位,并呈交给发包人一份副本。若索赔事件首次发生后在规定时间内,承包人未提出索赔意向书,监理单位及发包人有权拒绝承包人的索赔要求。

(2) 承包人应保持索赔事件同期记录,以便合理地证明承包人后来要申请的索赔。监理单位在收到承包人的索赔意向通知时,应先检查这些同期记录,并可能指定承包人进一步做好同期记录,承包人应容许监理单位检查全部记录,并在监理单位发出指令时提供记录的副本。

(3) 承包人在发出索赔意向通知后在规定时间内,向监理单位报送一份说明索赔所依据的理由和索赔款额的具体细节账目的索赔报告。如果索赔事件尚未结束,承包人在索赔事件结束后,在规定时间内再报一份最终索赔报告给监理单位。

(4) 监理单位在收到承包人索赔报告或最终索赔报告后在规定时间内,将处理意见书面通知发包人、承包人双方。若双方接受,此索赔事件结束;若任何一方不接受,经再次协商仍达不成一致时,则按合同专用条款办法处理。

3. 承包人未能按合同约定履行自己的各项义务或发生错误,并给发包人造成经济损失的,发包人向承包人提出的索赔参照有关约定的程序执行。

4. 在任何索赔和争议期间,不论索赔是否有据,均不能免除承包人按合同规定履行合同义务。承包人不得以此为借口,拒不履行或拖延合同的履行。否则发包人有权终止合同,并要求承包人赔偿由此导致的发包人的损失。

9.3.3 争议

(1) 因合同或者履行合同所产生的争议,发包人与承包人双方协商解决;协商不成的,由当地建设行政主管部门调解;调解不成的,任何一方均可提请当地仲裁委员会仲裁。

(2) 承包人应当承诺:争议发生后,承包人必须在做好现场证据保全后继续按照合同要求施工,不得以解决争议为由单方面停工,或者以争议解决需要时日为由拖延竣工。否则,发包人有权先行解除与承包人的合同,承包人必须在规定时间内撤场。但承包人的撤场不影响其另行解决争议和索赔的权利。

10 工程竣工与验收

10.1 项目竣工验收的基本要求

1. 一般规定

施工项目竣工验收的交工主体应是承包人,验收主体应是发包人。竣工验收的施工项目必须具备规定的交付竣工验收条件。竣工验收阶段管理应按下列程序依次进行:

① 竣工验收准备。

② 编制竣工验收计划。

③ 组织现场验收。

④ 进行竣工结算。

⑤ 移交竣工资料。

⑥ 办理交工手续。

2. 竣工验收准备

(1) 项目经理应全面负责工程交付竣工验收前的各项准备工作,建立竣工收尾小组,编制项目竣工收尾计划并限期完成。

(2) 项目经理和技术负责人应对竣工收尾计划执行情况进行检查,重要部位要做好检查记录。

(3) 项目经理部应在完成施工项目竣工收尾计划后,向企业报告,提交有关部门进行验收。实行分包的项目,分包人应按质量验收标准的规定检验工程质量,并将验收结论及资料交承包人汇总。

(4) 承包人应在验收合格的基础上,向发包人发出预约竣工验收的通知书,说明拟交竣工项目的情况,商定有关竣工验收事宜。

3. 竣工资料

(1) 承包人应按竣工验收条件的规定,认真整理工程竣工资料。

(2) 企业应建立健全竣工资料管理制度,实行科学收集,定向移交,统一归口,便于存取和检索。

(3) 竣工资料的内容应包括:工程施工技术资料、工程质量保证资料、工程检验评定资料、竣工图,规定的其他应交资料。

(4) 竣工资料的整理应符合下列要求:

① 工程施工技术资料的整理应始于工程开工,终于工程竣工,真实记录施工全过程,可按形成规律收集,采用表格方式分类组卷。

② 工程质量保证资料的整理应按专业特点,根据工程的内在要求,进行分类组卷。

③ 工程检验评定资料的整理应按单位工程、分部工程、分项工程划分的顺序,进行分类组卷。

④ 竣工图的整理应区别情况按竣工验收的要求组卷。

(5) 交付竣工验收的施工项目必须有与竣工资料目录相符的分类组卷档案。承包人向发包人移交由分包人提供的竣工资料时,检查验证手续必须完备。

4. 竣工验收管理

(1) 单独签订施工合同的单位工程,竣工后可单独进行竣工验收。在一个单位工程中满足规定交工要求的专业工程,可征得发包人同意,分阶段进行竣工验收。

(2) 单项工程竣工验收应符合设计文件和施工图纸要求,满足生产需要或具备使用条件,并符合其他竣工验收条件要求。

(3) 整个建设项目已按设计要求全部建设完成,符合规定的建设项目竣工验收标准,可由发包人组织设计、施工、监理等单位进行建设项目竣工验收,中间竣工并已办理移交手续的单项工程,不再重复进行竣工验收。

(4) 竣工验收应依据下列文件:

① 批准的设计文件、施工图纸及说明书。

② 双方签订的施工合同。

③ 设备技术说明书。

④ 设计变更通知书。

⑤ 施工验收规范及质量验收标准。

⑥ 外资工程应依据我国有关规定提交竣工验收文件。

(5) 竣工验收应符合下列要求：

① 设计文件和合同约定的各项施工内容已经施工完毕。

② 有完整并经核定的工程竣工资料，符合验收规定。

③ 有勘察、设计、施工、监理等单位签署确认的工程质量合格文件。

④ 有工程使用的主要建筑材料、构配件和设备进场的证明及试验报告。

(6) 竣工验收的工程必须符合下列规定：

① 合同约定的工程质量标准。

② 单位工程质量竣工验收的合格标准。

③ 单项工程达到使用条件或满足生产要求。

④ 建设项目能满足建成投入使用或生产的各项要求。

(7) 承包人确认工程竣工、具备竣工验收各项要求，并经监理单位认可签署意见后，向发包人提交"工程验收报告"。发包人收到"工程验收报告"后，应在约定的时间和地点，组织有关单位进行竣工验收。

(8) 发包人组织勘察、设计、施工、监理等单位按照竣工验收程序，对工程进行核查后，应做出验收结论，并形成"工程竣工验收报告"，参与竣工验收的各方负责人应在竣工验收报告上签字并盖单位公章。

(9) 通过竣工验收程序，办完竣工结算后，承包人应在规定期限内向发包人办理工程移交手续。

5. 竣工结算

(1) "工程竣工验收报告"完成后，承包人应在规定的时间内向发包人递交工程竣工结算报告及完整的结算资料。

(2) 编制竣工结算应依据下列资料:

① 施工合同;

② 中标投标书的报价单;

③ 施工图及设计变更通知单、施工变更记录、技术经济签证;

④ 工程预算定额、取费定额及调价规定;

⑤ 有关施工技术资料;

⑥ 工程竣工验收报告;

⑦ “工程质量保修书”;

⑧ 其他有关资料。

(3) 项目经理部应做好竣工结算基础工作,指定专人对竣工结算书的内容进行检查。

(4) 在编制竣工结算报告和结算资料时,应遵循下列原则:

① 以单位工程或合同约定的专业项目为基础,应对原报价单的主要内容进行检查和核对。

② 发现有漏算、多算或计算误差的,应及时进行调整。

③ 多个单位工程构成的施工项目,应将各单位工程竣工结算书汇总,编制单项工程竣工综合结算书。

④ 多个单项工程构成的建设项目,应将各单项工程综合结算书汇总编制建设项目总结算书,并撰写编制说明。

(5) 工程竣工结算报告和结算资料,应按规定报企业主管部门审定,加盖专用章,在竣工验收报告认可后,在规定的期限内递交发包人或其委托的咨询单位审查。承发包双方应按约定的工程款及调价内容进行竣工结算。

(6) 工程竣工结算报告和结算资料递交后,项目经理应按照“项目管理目标责任书”规定,配合企业主管部门督促发包人及时办理竣工结算手续。企业预算部门应将结算资料送交财务部门,进行工程价款的最终结算和收款。发包人应在规定期限内支付工程竣工结算价款。

(7) 工程竣工结算后,承包人应将工程竣工结算报告及完整的结算资料纳入工程竣工资料,及时归档保存。

10.2 工程竣工结算

10.2.1 竣工结算的基本规定

工程价款结算，是指对建设工程的发承包合同价款进行约定和依据合同约定进行工程预付款、工程进度款、工程竣工价款结算的活动。

为加强和规范建设工程价款结算，维护建设市场正常秩序，行政主管部门根据我国的有关法律、行政法规制订了《建设工程价款结算暂行办法》。凡在中华人民共和国境内的建设工程价款结算活动，均适用该办法。国家法律法规另有规定的，从其规定。国务院财政部门、各级地方政府财政部门和国务院建设行政主管部门、各级地方政府建设行政主管部门在各自职责范围内负责工程价款结算的监督管理。

(1) 工程价款结算依据：

① 国家有关法律、法规和规章制度；

② 国务院建设行政主管部门、省、自治区、直辖市或有关部门发布的工程造价计价标准、计价办法等有关规定；

③ 建设项目的合同、补充协议、变更签证和现场签证，以及经发、承包人认可的其他有效文件；

④ 其他可依据的材料。

(2) 工程预付款结算应符合下列规定：

① 包工包料工程的预付款按合同约定拨付，原则上预付比例不低于合同金额的10%，不高于合同金额的30%，对重大工程项目，按年度工程计划逐年预付。计价执行《建设工程工程量清单计价规范》(GB 50500—2003)的工程，实体性消耗和非实体性消耗部分应在合同中分别约定预付款比例。

② 在具备施工条件的前提下，发包人应在双方签订合同后的一个月内或不迟于约定的开工日期前的7天内预付工程款，发包人不按约定预付，承包人应在预付时间到期后10天内向发包人发

出要求预付的通知,发包人收到通知后仍不按要求预付,承包人可在发出通知 14 天后停止施工,发包人应从约定应付之日起向承包人支付应付款的利息(利率按同期银行贷款利率计),并承担违约责任。

③ 预付的工程款必须在合同中约定抵扣方式,并在工程进度款中进行抵扣。

④ 凡是没有签订合同或不具备施工条件的工程,发包人不得预付工程款,不得以预付款为名转移资金。

(3) 工程进度款结算与支付应当符合下列规定:

① 工程进度款结算方式

A. 按月结算与支付。即实行按月支付进度款,竣工后清算的办法。合同工期在两个年度以上的工程,在年终进行工程盘点,办理年度结算。

B. 分段结算与支付。即当年开工、当年不能竣工的工程按照工程形象进度,划分不同阶段支付工程进度款。具体划分在合同中明确。

② 工程量计算

承包人应当按照合同约定的方法和时间,向发包人提交已完工程量的报告。发包人接到报告后 14 天内核实已完工程量,并在核实前 1 天通知承包人,承包人应提供条件并派人参加核实,承包人收到通知后不参加核实,以发包人核实的工程量作为工程价款支付的依据。发包人不按约定时间通知承包人,致使承包人未能参加核实,核实结果无效。

A. 发包人收到承包人报告后 14 天内未核实完工程量,从第 15 天起,承包人报告的工程量即视为被确认,作为工程价款支付的依据,双方合同另有约定的,按合同执行。

B. 对承包人超出设计图纸(含设计变更)范围和因承包人原因造成返工的工程量,发包人不予计量。

③ 工程进度款支付

A. 根据确定的工程计量结果,承包人向发包人提出支付工程进度款申请,14天内,发包人应按不低于工程价款的60%,不高于工程价款的90%向承包人支付工程进度款。按约定时间发包人应扣回的预付款,与工程进度款同期结算抵扣。

B. 发包人超过约定的支付时间不支付工程进度款,承包人应及时向发包人发出要求付款的通知,发包人收到承包人通知后仍不能按要求付款,可与承包人协商签订延期付款协议,经承包人同意后可延期支付,协议应明确延期支付的时间和从工程计量结果确认后第15天起计算应付款的利息(利率按同期银行贷款利率计)。

C. 发包人不按合同约定支付工程进度款,双方又未达成延期付款协议,导致施工无法进行,承包人可停止施工,由发包人承担违约责任。

(4) 工程完工后,双方应按照约定的合同价款及合同价款调整内容以及索赔事项,进行工程竣工结算。

① 工程竣工结算方式

工程竣工结算分为单位工程竣工结算、单项工程竣工结算和建设项目竣工总结算。

② 工程竣工结算编审

A. 单位工程竣工结算由承包人编制,发包人审查;实行总承包的工程,由具体承包人编制,在总包人审查的基础上,发包人审查。

B. 单项工程竣工结算或建设项目竣工总结算由总(承)包人编制,发包人可直接进行审查,也可以委托具有相应资质的工程造价咨询机构进行审查。政府投资项目,由同级财政部门审查。单项工程竣工结算或建设项目竣工总结算经发、承包人签字盖章后有效。承包人应在合同约定期限内完成项目竣工结算编制工作,未在规定期限内完成的并且提不出正当理由延期的,责任自负。

③ 工程竣工结算审查期限

单项工程竣工后,承包人应在提交竣工验收报告的同时,向发包人递交竣工结算报告及完整的结算资料,发包人应按表10-1

规定时限进行核对(审查)并提出审查意见。

工程竣工结算审查期限表　　表 10-1

序号	工程竣工结算报告金额	审查时间
1	500 万元以下	从接到竣工结算报告和完整的竣工结算资料之日起 20 天
2	500 万元~2000 万元	从接到竣工结算报告和完整的竣工结算资料之日起 30 天
3	2000 万元~5000 万元	从接到竣工结算报告和完整的竣工结算资料之日起 45 天
4	5000 万元以上	从接到竣工结算报告和完整的竣工结算资料之日起 60 天

建设项目竣工总结算在最后一个单项工程竣工结算审查确认后 15 天内汇总,送发包人后 30 天内审查完成。

④ 工程竣工价款结算

发包人收到承包人递交的竣工结算报告及完整的结算资料后,应按有关规定的期限(合同约定有期限的,从其约定)进行核实,给予确认或者提出修改意见。发包人根据确认的竣工结算报告向承包人支付工程竣工结算价款,保留 5%左右的质量保证(保修)金,待工程交付使用一年质保期到期后清算(合同另有约定的,从其约定),质保期内如有返修,发生费用应在质量保证(保修)金内扣除。

⑤ 索赔价款结算

发承包人未能按合同约定履行自己的各项义务或发生错误,给另一方造成经济损失的,由受损方按合同约定提出索赔,索赔金额按合同约定支付。

⑥ 合同以外零星项目工程价款结算

发包人要求承包人完成合同以外零星项目,承包人应在接受发包人要求的 7 天内就用工数量和单价、机械台班数量和单价、使用材料和金额等向发包人提出施工签证,发包人签证后施工,如发包人未签证,承包人施工后发生争议的,责任由承包人自负。

(5) 发包人收到竣工结算报告及完整的结算资料后,在《办法》规定或合同约定期限内,对结算报告及资料没有提出意见,则视同认可。

① 承包人如未在规定时间内提供完整的工程竣工结算资料,经发包人催促后14天内仍未提供或没有明确答复,发包人有权根据已有资料进行审查,责任由承包人自负。

② 根据确认的竣工结算报告,承包人向发包人申请支付工程竣工结算款。发包人应在收到申请后15天内支付结算款,到期没有支付的应承担违约责任。承包人可以催告发包人支付结算价款,如达成延期支付协议,承包人应按同期银行贷款利率支付拖欠工程价款的利息。如未达成延期支付协议,承包人可以与发包人协商将该工程折价,或申请人民法院将该工程依法拍卖,承包人就该工程折价或者拍卖的价款优先受偿。

10.2.2 工程价款价差调整与结算的审查

(一) 工程价款价差调整方法

1. 工程造价指数法。

这种方法是发、承包双方采用当时的预算(或概算)定额单价计算出承包合同价,待竣工时,根据合同的工期及当地工程造价管理部门所公布的该月度(或季度)的工程造价指数,对原承包合同价予以调整,重点调整那些由于实际人工费、材料费、施工机械费等费用上涨及工程变更造成的价差,并对承包人给以调价补偿。

2. 实际价格调整法。

在我国,由于建筑材料需市场所能够采购的范围越来越大,有些地区规定对钢材、木材、水泥等三大材料的价格采取按实际价格计算的方法,工程承包人可凭发票按实报销。这种方法方便而正确。但由于是实报实销,因而承包商对减低成本不感兴趣,为了避免副作用,地方主管部门要定期发布最高限价,同时合同文件中应规定发包人或工程师有权让承包人选择更廉价的供应来源。

3. 调价文件计算法。

这种方法是发、承包双方采用按当时的预算价格承包,在合同工期内,按照造价部门调价文件的规定,进行抽料补差(在同一价格期内按所完成的材料用量乘以价差)。也有的地方定期发布主要材料供应价格和管理价格,对这一时期的工程进行抽料补差。

4. 调价公式法。

根据国际惯例,对建设项目工程价款的动态结算,一般是采用调值公式法。此方法是在合同价款中工程预算进度款的基础上乘以调值系数,即为调值后的合同价款或工程实际结算款。事实上,在绝大多数国际工程项目中,发、承包双方在签订合同时就明确列出这一调值公式,并以此作为价差调整的计算依据。

(二) 工程竣工结算与审查

1. 核对合同条款。

首先,应该对竣工工程内容是否符合合同条件要求,工程是否竣工验收合格,只有按合同要求完成全部工程并验收合格才能列入竣工结算。其次,应按合同约定的结算方法、计价定额、取费标准、主材价格和优惠条款等,对工程竣工结算进行审核,若发现合同开口或有漏洞,应请发包人与承包人认真研究,明确结算要求。

2. 检查隐蔽验收记录。

所有隐蔽工程均需要进行验收,两人以上签证;实行工程监理的项目应经监理工程师签证确认,审核竣工结算时应对隐蔽工程施工记录和验收签证,手续完整,工程图和竣工图一致方可列入结算。

3. 落实设计变更签证。

设计修改变更应由原设计单位出具变更设计通知单和修改图纸,设计、校审人员签字并加盖公章,经建设单位和监理工程师审查同意、签证;重大设计变更应经原审批部门审批,否则不应列入结算。

4. 按图核实工程数量。

竣工结算的工程量应依据竣工图、设计变更单和现场签证等进行核算,并按规定的计算规则计算工程量。

5. 认真核实单价。

结算单位应按现行的计价原则和计价方法确定,不得违背。

6. 注意各项费用计取。

建安工程的取费标准应按合同要求和项目建设期间与计价定额配套使用的建安工程费用定额及有关规定执行,现审核各项费率、价格指数或换算系数是否正确,价差调整计算是否符合要求,在核实特殊费用和计算程序。

7. 防止各种计算误差。

工程竣工结算子目多、篇幅大,往往有计算误差应认真核算,防止因计算误差多计或少计。

10.3 竣工验收与结算的合同管理

10.3.1 竣工验收

(1) 承包人提供竣工图的约定:在确定的工程竣工验收时间前,应向发包人提供工程竣工图及有关资料(竣工验收时签发的文件除外)。

(2) 中间交工工程的范围和竣工时间:按协议书约定。

(3) 验收依据和标准:施工图纸,图纸说明,有关设计变更资料和图纸,技术交底及会议纪要,国家颁布的施工验收规范、规定,以及专家委员会根据国家有关标准、规范制订的针对本工程特殊子项的施工规范及验收标准。

(4) 工程基本完工后,承包人经自检达到合格标准后才向监理单位发出竣工预检通知书。监理单位预验合格后,双方协商确定竣工验收时间。

(5) 由发包人、承包人、设计单位、监理单位、当地质监站等共同组织工程整体验收评定。

(6) 经验收评定,工程质量及工程内容符合合同要求的,发包人、承包人、监理单位及设计单位均应在工程竣工验收证明书上盖章签字；工程质量不合格或工程内容有尚未完成者，由承包人在商定的期限内进行修补后，再进行竣工验收，直至达到完全符合合同要求为止，并按最后验收合格的日期作为竣工日期，由此产生的一切费用均由承包人负责。发包人逾期组织验收的，除应向承包人偿付违约金外，工期顺延。

(7) 发包人、承包人应于验收合格后签署工程交接验收证明文件，承包人将场地清理干净后将工程移交给发包人管理。

(8) 工程(包括中间验收工程)未经验收，发包人提前使用或擅自使用，由此而发生的质量或其他问题，概由发包人承担。

(9) 竣工档案的整理和移交

① 承包人应按照国家《城市建设档案管理规定》和当地的城市建设档案管理办法以及发包人有关整理工程档案的要求，在工程施工期间及时收集、汇总、整理、编制竣工档案，并于工程竣工验收后按当地建设工程档案整理与移交办法向发包人完整移交如下竣工档案：

A. 竣工文件资料、竣工图档案(原件)；

B. 与本款 A 项内容相同的电子版档案；

C. 声像档案。

承包人移交竣工档案的时限：承包人应于工程竣工验收后将竣工档案提交工程监理单位签认，监理单位应在收到竣工档案后签认。经工程监理单位签认后，承包人应及时将竣工档案移交给发包人归档并同时移交有关归档的证明文件。发包人经审查合格的，应在收到竣工档案后签署档案验收意见；不合格的，要求承包人限期补正，直至合格为止。

② 电子版竣工图的编制，以发包人提供的电子版施工图为基础。承包人在移交竣工档案时，应一并移交发包人提供的电子版施工图。

电子版施工图和电子版竣工图的知识产权归属发包人所有，非经发包人许可，承包人不得以任何方式复制、备份、转让和利用。否则，由此引起的任何纠纷和责任由承包人承担。

③ 承包人应督促其工程分包单位及时做好竣工资料整理工作，于分包工程竣工验收后将全部档案资料移交给承包人，由承包人汇总、归档，并在承包人移交竣工档案时一并移交。

④ 发包人按照协议书约定的合同价款的一定比例保留金款项，作为承包人按时、完整移交竣工档案的保证金。承包人按时、完整移交竣工档案的，发包人在完成向政府有关部门移交档案后给承包人付还该保留金；承包人不按时移交竣工档案，或者移交的竣工档案不完整且在发包人规定的期限内不补充完整的，发包人有权没收部分或者全部该保留金，同时，并不免除承包人完整移交竣工档案的义务。

⑤ 因承包人的原因致使发包人未能按照国家规定向政府有关部门移交工程竣工档案而受到经济处罚的，由承包人承担全额赔偿责任。

10.3.2 竣工结算

(1) 承包人与发包人一致同意，《合同通用条款》中发包人拖欠工程价款的利息应按同期银行活期存款利率计算。但是结算时间应以上级有关审核部门审定结算后开始计算，若规定时间无正当理由不支付工程竣工结算价款，按同期银行活期存款利率计算支付拖欠工程价款的利息，并承担违约责任。

(2) 结算方式：按合同规定办理，分单体项目进行结算，单体项目的结算结果可作为本工程进度款拨付依据。

(3) 约定承包人提交结算报告的时间。

(4) 约定发包人批准分阶段结算报告或总结算报告的时间。而在批准程序上是，发包人收到承包人提交的分阶段结算报告后或总结算报告后，应首先经过监理单位审核，再由发包人审定，并及时报上级部门批准。

(5) 承包人应当向发包人提供如下竣工结算资料：

① 工程结算书；

② 工程量计算书(即现场计量表)；

③ 钢筋抽料表(土建专业适用)；

④ 工程承包合同;

⑤ 工程竣工图(含电子版);

⑥ 工程竣工资料(含电子版);

⑦ 图纸会审纪录;

⑧ 设计变更单;

⑨ 工程洽商记录;

⑩ 监理工程师通知或发包人施工指令;

⑪ 会议纪要;

⑫ 现场签证单;

⑬ 材料设备单价呈批审核单;

⑭ 综合单价呈批审核单;

⑮ 发包人供应材料收货验收签收单;

⑯ 其他结算资料;

⑰ 移交资料签收表。

(6) 发包人对送审结算资料的具体要求:

① 结算书:每项工程的结算书要求分两部分编制:第一部分是以竣工图为依据编制部分,要求以竣工图纸、投标中标价构成的内容为主要部分,包括图纸会审记录、设计变更、监理工程师通知或发包人施工指令等;第二部分以现场签证、工程洽商记录以及其他有关费用为依据编制部分,上述两部分不应有重复列项的内容,用电脑编制的结算书要求提供相应的拷贝磁盘。

② 工程量计算书(即现场计量表):工程量计算书应由工程量汇总表和详细的工程量计算式组成,工程量应有详细的计算表达式,依据的施工图、图纸会审记录、设计变更、工程洽商记录、现场签证单、监理工程师通知或发包人施工指令等部分的内容应在工程量计算书中反映。用电脑编制的工程量计算书应提供相应的拷贝磁盘。

③ 钢筋抽料表(土建专业适用):用电脑抽料的钢筋用量表要求提供相应的拷贝磁盘,用手工抽料的钢筋用量表要求提供详细的抽料表和明细汇总表,详细的抽料表应注明钢筋所在构件名称、

施工部位、钢筋编号等。

④ 工程施工合同:包括发包人与承包人签订的工程施工合同、经发包人确认的承包人与第三方签订的分包合同、各类补充合同、合同附件等,要求将上述合同文件列出总目录按顺序整理装订成册。

⑤ 竣工图:用于结算的竣工图必须有承包人竣工图专用章及其相关人员签字,有监理单位和发包人的审核人签字和单位盖章确认。经发包人、设计、监理等单位确认的图纸会审记录、设计变更、工程洽商记录、监理工程师通知或发包人施工指令等内容均应反映在相应的竣工图上。对未在竣工图上反映的图纸会审记录、设计变更和工程洽商记录等,其费用的增减,在结算评审中不予考虑。

⑥ 竣工资料:指在进行工程竣工验收和资料归档时所需的资料。具体包括开工报告、竣工报告、工程质量验收评定证书、材料检验报告、产品质量合格证、经发包人批准的施工组织设计或施工方案、隐蔽工程验收记录、安装工程的调试方案和调试记录等。竣工资料要求监理单位和发包人在确认表上盖章确认,以证明竣工资料上的相关内容与该项目送审资料的实际内容相一致。整理装订成册的竣工资料需编制总目录,并在每一页的下方统一编号,以便于查找。

⑦ 图纸会审记录:要求按图纸会审的时间先后整理装订成册,图纸会审记录须有各单位参加会审人员签字及会审单位盖章确认。

⑧ 设计变更单:要求按设计变更的时间先后整理(安装工程要分专业)装订成册。设计变更单要求有设计人员的签名及设计单位的盖章,同时要求有发包人同意按相关的设计变更进行施工的签认意见和盖章确认。

⑨工程洽商记录:要求根据工程洽商记录的时间先后整理装订成册,然后在每一页的下方统一编号,以便于查找。工程洽商记录要求有监理单位和发包人相关人员的签字和单位盖章确认。

⑩ 监理工程师通知或发包人施工指令：要求根据监理工程师通知或发包人施工指令的时间先后整理装订成册，然后在每一页的下方统一编号。监理工程师通知要求有监理单位和发包人相关人员的签字和单位盖章确认，发包人施工指令要求有发包人相关人员的签字和单位盖章确认。

⑪ 会议纪要：指工程质量、安全、技术、经济等现场协调会会议纪要等。要求根据会议纪要的时间先后整理装订成册，然后在每一页的下方统一编号。会议纪要要求有参与会议的各方代表签字，并有监理单位和发包人盖章确认。

⑫ 现场签证单：要求根据现场签证单的时间先后整理装订成册，然后在每一页的下方统一编号，现场签证单上应有工程数量的计算过程和施工简图，由承包人盖章确认，并有监理单位和发包人相关人员签字和单位盖章确认，并且有上述单位的造价工程师对工程造价进行审核的签字和盖章。

⑬ 材料设备单价呈批审核单：凡在工程招标文件或工程施工合同中未明确的主要材料设备单价，要求根据材料设备单价呈批审核单的编号顺序整理装订成册。每项审核单应附有相关的资料或注明相关资料在送审结算资料的哪一部分和哪一页位置上，要求有使用该材料设备的专题会议纪录、材料发票、购买合同等有效材料设备价格凭证等。每份审核单手续必需完备，要求有监理单位和发包人相关人员的签字和单位盖章确认。

⑭ 新增项目综合单价呈批审核单：在作为合同附件之一的工程量清单中未列但在施工过程中发生的项目，应由承包人编制单价分析表，盖章确认后报监理单位和发包人审核综合单价。在结算资料送审时，要求按综合单价呈批审核单的编号顺序整理装订成册。每项审核单应附有相关的资料或注明相关资料在送审结算资料的哪一部分和哪一页位置上，如材料设备专题会议纪录、设计变更、工程洽商记录、监理工程师通知等。每份综合单价呈批审核单手续必需完备，要求有监理单位和发包人相关人员的签字和单位盖章确认，并且有上述单位的造价工程师对综合单价进行审核

的签字和盖章。

⑮ 发包人供应材料收货验收签收单:按发包人供应材料收货验收签收单的编号顺序及不同材料分类整理装订成册。要求发包人供应材料收货验收签收单上有承包人、材料供货单位、监理单位、发包人代表签字和单位盖章确认。

⑯ 其他结算资料:凡上述未提及而在结算评审中需要的资料均需提供,例如:施工日记、地质勘察报告、非常用的标准图集、应由承包人承担而由建设单位支付的费用证明如发包人代缴施工水电费票据、余泥排放费证明等。

⑰ 资料签收表:按送审结算资料的内容列表,以便资料的移交和管理。资料签收表上应注明资料内容、份数和页数(标注页码),并且对所有复印资料的真实性进行确认。资料签收表一式两份,由资料移交人和接收人分别签名,必要时加盖双方单位的印章。

(7) 承包人必须对其提供的发包人供应材料供应数量计划负责,若经最终审核机构审定的工程结算数量与承包人提供的发包人供应材料供应计划总量有差额,此差额费用由承包人负责,并在结算款中一并扣除。

11 其　　他

11.1 材料设备供应

11.1.1 一般规定

1. 发包人供应材料设备

(1) 实行发包人供应材料设备的,双方应当约定发包人供应材料设备的一览表,作为合同附件。一览表包括发包人供应材料设备的品种、规格、型号、数量、单价、质量等级、提供时间和地点。

(2) 发包人按一览表约定的内容提供材料设备,并向承包人提供产品合格证明,对其质量负责。发包人在所供材料设备到货前24小时,以书面形式通知承包人,由承包人派人与发包人共同清点。

(3) 发包人供应的材料设备,承包人派人参加清点后由承包人妥善保管,发包人支付相应保管费用。因承包人原因发生丢失损坏,由承包人负责赔偿。

发包人未通知承包人清点,承包人不负责材料设备的保管,丢失损坏由发包人负责。

(4) 发包人供应的材料设备与一览表不符时,发包人承担有关责任。发包人应承担责任的具体内容,双方根据下列情况在专用条款内约定:

① 材料设备单价与一览表不符,由发包人承担所有价差;

② 材料设备的品种、规格、型号、质量等级与一览表不符,承包人可拒绝接收保管,由发包人运出施工场地并重新采购;

③ 发包人供应的材料规格、型号与一览表不符,经发包人同意,承包人可代为调剂串换,由发包人承担相应费用;

④ 到货地点与一览表不符,由发包人负责运至一览表指定地

点；

⑤ 供应数量少于一览表约定的数量时，由发包人补齐，多于一览表约定数量时，发包人负责将多出部分运出施工场地；

⑥ 到货时间早于一览表约定时间，由发包人承担因此发生的保管费用；到货时间迟于一览表约定的供应时间，发包人赔偿由此造成的承包人损失，造成工期延误的，相应顺延工期。

(5) 发包人供应的材料设备使用前，由承包人负责检验或试验，不合格的不得使用，检验或试验费用由发包人承担。

(6) 发包人供应材料设备的结算方法，双方在专用条款内约定。

2. 承包人采购材料设备

(1) 承包人负责采购材料设备的，应按照专用条款约定及设计和有关标准要求采购，并提供产品合格证明，对材料设备质量负责。承包人在材料设备到货前24小时通知工程师清点。

(2) 承包人采购的材料设备与设计标准要求不符时，承包人应按工程师要求的时间运出施工场地，重新采购符合要求的产品，承担由此发生的费用，由此延误的工期不予顺延。

(3) 承包人采购的材料设备在使用前，承包人应按工程师的要求进行检验或试验，不合格的不得使用，检验或试验费用由承包人承担。

(4) 工程师发现承包人采购并使用不符合设计和标准要求的材料设备时，应要求承包人负责修复、拆除或重新采购，由承包人承担发生的费用，由此延误的工期不予顺延。

(5) 承包人需要使用代用材料时，应经工程师认可后才能使用，由此增减的合同价款双方以书面形式议定。

(6) 由承包人采购的材料设备，发包人不得指定生产厂或供应商。

11.1.2 材料设备供应的合同管理

为了保证大型集群工程建设项目质量、进度和投资控制目标的实现，建设单位根据国家有关技术标准和规范，应制定大宗材料供应管理办法。

建设单位可采用通过向社会公开招标，选择材料供应商，集中向施工单位供应大宗材料（水泥、钢筋、混凝土、砂、碎石、石屑）这样一种材料供应方式。在大宗材料供应管理中业主是指发包方，即建设单位，为大型集群工程项目的组织和管理者。买方指建设工程施工单位或其他接受大宗材料的单位，是建设项目大宗材料及服务的最终使用者。卖方指与业主签订大宗材料条件供应合同的供应商。大宗材料的种类包括预拌混凝土、砂、碎石、石屑、水泥、钢筋等。

(1) 承包人采购材料设备：即乙供材料和甲招乙供材料。按招标文件、业主制定的有关建筑装饰、机电安装材料采购管理办法和《施工总承包管理办法》相关要求执行。

(2) 承包人确认发包人通过招标选定的合同项目建设所需的钢筋、水泥、混凝土等的供应商及货物品牌，承包人将按发包人与供应商签订的《供货条件及附属设施建设合同》与供应商签订买卖合同，同时，承包人接受发包人制定的《大宗材料供应管理办法》的约束。承包人应充分认识到：这是为确保工程质量达到要求所必需的，并且符合承包人的利益。

(3) 对于承包人采购的材料设备，无论总监理工程师或发包人有无条件到生产、制造现场监造或验收，该等材料设备到达施工场地后经验收发现质量问题的，均应由承包人承担责任。承包人应负责修复或拆除或重新采购，并承担由此发生的费用，赔偿发包人的损失，由此延误的工期不予顺延。

11.2 工程分包、不可抗力、保险、担保、合同解除

11.2.1 工程分包

(一) 一般规定

(1) 承包人按专用条款的约定分包所承包的部分工程，并与

分包单位签订分包合同。非经发包人同意，承包人不得将承包工程的任何部分分包。

(2) 承包人不得将其承包的全部工程转包给他人，也不得将其承包的全部工程肢解以后以分包的名义分别转包给他人。

(3) 工程分包不能解除承包人任何责任与义务。承包人应在分包场地派驻相应管理人员，保证合同的履行。分包单位的任何违约行为或疏忽导致工程损害或给发包人造成其他损失，承包人承担连带责任。

(4) 分包工程价款由承包人与分包单位结算。发包人未经承包人同意不得以任何形式向分包单位支付各种工程款项。

(二) 工程分包的合同管理

(1) 工程发包人可另行招标的专业施工分包的工程项目：消防工程、弱电工程、煤气、轻钢结构(网架)、电梯安装、指定精装修、电信、交通标志、交通标线、交通设施、高低压配电系统、园林绿化工程等。

专业施工分包单位为：另行确定。

(2) 发包人依法招标选定拟分包工程的专业施工分包单位。发包人与专业施工分包单位签订专业施工分包工程施工合同，承包人应按《施工总承包管理办法》的规定给予配合、服务及协调，承包人按合同的规定向发包人收取承包单位配合服务及协调费，承包人对发包人依法招标选定的专业施工分包单位的配合、服务及协调的内容，按《施工总承包管理办法》执行。

(3) 承包人的分包须符合国家、省、市有关规定，并必须取发包人的书面同意。承包人在得到发包人批准的前提下，可以将不超过规定的非主体工程合同分包给相应资质及其以上的专业施工队伍。未经发包人书面同意，承包人不得对工程的任何部分进行分包。否则，由承包人按照有关约定承担违约赔偿责任。工程分包必须签订工程分包合同，明确分包合同当事人的权利义务和分包内容、分包工程量。承包人须向发包人提交分包合同副本和分包单位相关资质、业绩、主要管理人员和设备等备案资料。

(4) 承包人任何形式的分包均不影响承包人对发包人所负的责任和义务,承包人对分包人的违约行为应承担连带责任;分包人的任何疏忽及责任,均适用《合同通用条款》和合同专用条款有关承包人违约责任承担的约定。对于发包人依法招标选定的专业施工分包单位,承包人必须严格按照《施工总承包管理办法》及其他相关管理办法所规定的配合、服务及协调的范围和内容,履行作为承包单位的义务及承担相应的责任。

(5) 专业施工分包单位必须严格按照有关规定和《施工总承包管理办法》及其他相关管理办法所规定的专业施工分包工程的范围和内容,履行作为专业施工分包单位的义务及承担相应的责任。必须严格遵守承包单位根据有关规定制订的管理办法、制度或细则。

11.2.2 不可抗力

(一) 一般规定

(1) 不可抗力包括因战争、动乱、空中飞行物体坠落或其他非发包人承包人责任造成的爆炸、火灾,以及专用条款约定的风雨、雪、洪、震等自然灾害。

(2) 不可抗力事件发生后,承包人应立即通知工程师,在力所能及的条件下迅速采取措施,尽力减少损失,发包人应协助承包人采取措施。不可抗力事件结束后 48 小时内承包人向工程师通报受害情况和损失情况,及预计清理和修复的费用。不可抗力事件持续发生,承包人应每隔 7 天向工程师报告一次受害情况。不可抗力事件结束后 14 天内,承包人向工程师提交清理和修复费用的正式报告及有关资料。

(3) 因不可抗力事件导致的费用及延误的工期由双方按以下方法分别承担:

① 工程本身的损害、因工程损害导致第三人人员伤亡和财产损失以及运至施工场地用于施工的材料和待安装的设备的损害,由发包人承担;

② 发包人承包人人员伤亡由其所在单位负责,并承担相应费

用；

③ 承包人机械设备损坏及停工损失，由承包人承担；

④ 停工期间，承包人应工程师要求留在施工场地的必要的管理人员及保卫人员的费用由发包人承担；

⑤ 工程所需清理、修复费用，由发包人承担；

⑥ 延误的工期相应顺延。

(4) 因合同一方迟延履行合同后发生不可抗力的，不能免除迟延履行方的相应责任。

(二) 不可抗力的合同管理

(1) 不可抗力，是指不能预见、不能避免并不能克服、对本工程的施工造成重大实质性影响的自然灾害和战争、动乱(不包括承包人内部的任何纠纷和纷争)等事件。政府对本项目的政策变化、计划的调整，导致本项目不能如期进行，也属不可抗力的范围。

自然灾害的范围及其认定方式，按下述约定执行如下：异常天气：仅指50年一遇以上(含50年)的洪水、10级(含本数)以上。

① 台风，直接淹没或袭击工地为确保安全而停工。承包人应于台风、洪水天气结束之日起在规定时间内，向本地气象部门索取当地地区台风、暴雨天气资料或报告(含气象实况及对此分析的内容)，连同施工日志、施工现场照片办理证据保全公证，方可认定为是不可抗力。

② 里氏5级(含本数)以上地震。

(2) 因不可抗力事件导致的费用损失，由发包人承包人各自承担自己的损失；对不可抗力事件导致的工期延误，除非一次影响工期延误大于约定天数，否则竣工日期不变，分段工期或者节点工期可以顺延，但承包人应当在下一个节点或分段竣工日前赶回。

11.2.3 保险

(一) 一般规定

(1) 工程开工前，发包人为建设工程和施工场内的自有人员及第三人人员生命财产办理保险，支付保险费用。

(2) 运至施工场地内用于工程的材料和待安装设备，由发包人办理保险,并支付保险费用。

(3) 发包人可以将有关保险事项委托承包人办理,费用由发包人承担。

(4) 承包人必须为人事危险作业的职工办理意外伤害保险,并为施工场地内自有人员生命财产和施工机械设备办理保险,支付保险费用。

(5) 保险事故发生时,发包人承包人有责任尽力采取必要的措施,防止或者减少损失。

(6) 具体投保内容和相关责任,发包人承包人在专用条款中约定。

(二) 保险的合同管理

工程双方约定投保内容如下:

(1) 发包人投保内容:建筑(安装)工程一切险、第三者责任险。

(2) 承包人投保内容:承包人雇主责任险、施工机械设备保险、人身伤害险。

11.2.4 担保

(一) 一般规定

(1) 发包人承包人为了全面履行合同,应互相提供以下担保:

① 发包人向承包人提供履约担保,按合同约定支付工程价款及履行合同约定的其他义务。

② 承包人向发包人提供履约担保,按合同约定履行自己的各项义务。

(2) 一方违约后,另一方可要求提供担保的第三人承担相应责任。

(3) 提供担保的内容、方式和相关责任,发包人承包人除在专用条款中约定外,被担保方与担保方还应签订担保合同,作为本合同附件。

(二) 担保的合同管理

工程双方约定担保事项如下:承包人向发包人提供履约担保,

担保方式为:银行保函。担保合同作为本合同附件。

11.2.5　合同解除

(一) 一般规定

(1) 发包人承包人协商一致,可以解除合同。

(2) 发生通用条款规定的相应情况,停止施工超过约定天数,发包人仍不支付工程款(进度款),承包人有权解除合同。

(3) 发生通用条款规定禁止的情况,承包人将其承包的全部工程转包给他人或者肢解以后以分包的名义分别转包给他人,发包人有权解除合同。

(4) 有下列情形之一的,发包人承包人可以解除合同:

① 因不可抗力致使合同无法履行;

② 因一方违约(包括因发包人原因造成工程停建或缓建)致使合同无法履行。

(5) 一方依据通用条款的约定要求解除合同的,应以书面形式向对方发出解除合同的通知,并在发出通知前告知对方, 通知到达对方时合同解除。对解除合同有争议的,按通用条款关于争议的约定处理。

(6) 合同解除后,承包人应妥善做好已完工程和已购材料、设备的保护和移交工作,按发包人要求将自有机械设备和人员撤出施工场地。发包人应为承包人撤出提供必要条件,支付以上所发生的费用,并按合同约定支付已完工程价款。已经订货的材料、设备由订货方负责退货或解除订货合同,不能退还的货款和因退货、解除订货合同发生的费用,由发包人承担,因未及时退货造成的损失由责任方承担。除此之外,有过错的一方应当赔偿因合同解除给对方造成的损失。

(7) 合同解除后,不影响双方在合同中约定的结算和清理条款的效力。

(二) 合同解除的约定

(1) 部分解除合同

承包人违约致部分解除合同的条件成就时,承包人在此承诺:

① 因承包人违约致部分解除合同的条件成就时,发包人有权向承包人发出部分解除合同的《违约责任通知书》,该通知送达承包人时部分解除合同即生效。

② 承包人在接到《违约责任通知书》后,在规定时间内停止该部分工程的施工,并将机械、材料、物件、人员从该部分工程的施工场地撤离。

③ 停工后,发包人、监理单位会同承包人对已完成工程量进行清点:发包人只承认已发生并投入且符合质量验收标准的部分工程,对于已订货而未到现场或在现场未使用的材料、设备等均不予承认,由承包人自行处理;对于承包人已开工但经检验不合格的工程,承包人在总监理工程师发出通知的限期内拆除,并清运出工地,由此带来的损失由承包人自行承担。

④ 承包人在收到《违约责任通知书》后,若不按上述约定执行,发包人有权自行处理承包人滞留在施工现场的物品,处理费用由承包人承担。

⑤ 承包人在收到《违约责任通知书》后,发包人就该部分解除合同的工程即可另行与其他单位签订施工合同,承包人不得阻碍新的承包人进场施工。

⑥ 部分解除合同的工程额达到施工合同总金额的约定比例时,发包人有权全部解除合同。

(2) 解除合同

① 因承包人违约致解除合同的条件成就时,发包人有权向承包人发出全部解除合同的《违约责任通知书》,该通知送达承包人时全部解除合同即生效。

② 承包人接到《违约责任通知书》后,必须在规定时间内停止工程施工,并将机械、材料、物件、人员从施工现场撤离。停工后,发包人、监理单位将会同承包人对已完成工程量进行清点,清点规则比照部分解除合同的情形处理。

③ 承包人未在规定期限内离场的,发包人有权将其留在现场的材料、设备和其他物件临时转运到其他堆放处,由此产生的搬

运、保管费用应由承包人负责，在此过程中出现的任何非发包人主观故意引起的损坏、遗失由承包人自行负责，处理费用由承包人在损害赔偿保证金中承担。

④ 承包人在收到《违约责任通知书》后，发包人就解除合同的工程即可另行与其他单位签订施工合同，承包人不得阻碍新的承包人进场施工。

⑤ 由于合同解除引致发包人工期延误及其他方面的损失，由承包人负责赔偿。

(3) 承包人在部分解除合同或解除合同后，还必须在规定期限内作好已施工技术资料和实物的交底、移交工作，并配合发包人重新确定施工单位。承包人因未履行上述义务而给发包人带来工期延误和其他损失的，应赔偿发包人的实际损失。

(4) 合同解除后，不影响双方在合同中约定的结算和清理尾款的效力，亦不能免除承包人对已完工项目的保修责任。

11.3 补充条款

双方根据有关法律、行政法规规定，结合工程实际，经协商一致后，可对通用条款内容具体化、补充或修改，在专用条款内约定。

(1) 工程的劳保基金双方另按当地建设行政主管部门有关规定由发包人代扣代缴，承包人应予协助。承包人收取本合同价款应缴纳的税金，由发包人代扣代缴。

(2) 承包人在收到各阶段的施工图纸后将重新编制工程量清单报送监理单位和发包人审核。

(3) 承包人在履行合同过程中应严格执行其投标文件中的任何承诺，发包人不接受承包人低于发包人要求的承诺。

① 提出高于发包人要求的质量目标但不能实现的，发包人对承包人予以一定的惩罚。

② 承诺短于发包人要求的工期但不能实现的，对比承诺工期，每超一天，发包人对承包人予以一定的惩罚。

③ 承包人在其投标文件中承诺投入本工程的:管理人员(包括指挥长、项日经理、项目副经理、各部门负责人、公司派驻现场领导等管理人员)、各班组施工人员数量、施工机械、周转料等,必须按照投标文件的全部内容以书面的形式作为合同附件列明,承包人必须按其承诺的时间、数量、质量作出兑现,如未兑现,承包人应按履约银行保函实施管理明细的相关规定向发包人支付违约金并接受发包人的处罚。

④ 承包人到场的管理人员或管理人员在场时间与投标文件承诺或合同约定不符的,或违反合同专用条款的有关规定的,承包人按合同专用条款的约定承担违约责任。

⑤ 承包人到场的专业班组数量、各班组劳动力人数、劳动力进场时间达不到投标文件承诺的,专业班组与投标文件不符的,参照合同专用条款的有关约定由承包人承担违约责任;任何时期劳动力数量少于承诺该时期投入劳动力数量的90%的,参照合同专用条款的有关约定由承包人承担违约责任;任何时期劳动力数量少于承诺该时期投入劳动力数量的80%的,承包人承担严重违约责任,直至部分或全部解除合同。同时,承包人应按履约银行保函实施管理明细的相关规定向发包人支付违约金并接受发包人的处罚。

⑥ 承包人投入现场的施工机械型号、数量、投入时间达不到投标文件承诺的,型号不符且性能不能满足施工要求,或性能低于承诺投入施工机械的,参照合同专用条款的有关约定由承包人承担违约责任;任何时期施工机械投入数量少于承诺该时期投入施工机械数量95%的,参照合同专用条款的有关约定由承包人承担违约责任;任何时期施工机械投入数量少于承诺该时期投入施工机械数量90%的,承包人承担严重违约责任,直至部分或全部解除合同;投入的施工机械不能按照正常水平运作并对施工进度产生影响的,参照合同专用条款的有关约定由承包人承担违约责任。同时,承包人应按履约银行保函实施管理明细的相关规定向发包人支付违约金并接受发包人的处罚。

⑦ 承包人任何时期投入现场的周转料数量低于投标文件承诺该时期投入数量的95%，参照合同专用条款的有关约定由承包人承担违约责任；任何时期周转料投入数量少于承诺该时期投入周转料数量90%的，承包人承担严重违约责任，直至部分或全部解除合同。同时，承包人应按履约银行保函实施管理明细的相关规定向发包人支付违约金并接受发包人的处罚。

合同未尽事宜，另行签订补充协议明确。

参考文献

[1] 何佰洲,刘禹.工程建设合同与合同管理.大连:东北财经大学出版社.2004.
[2] 曲修山,何红锋.建设工程施工合同纠纷处理实务.北京:知识产权出版社.2004.
[3] 隋彭生.合同法要义.第2版.北京:中国政法大学出版社.2005.
[4] 吴江水.完美的合同.北京:中国民主法制出版社.2005.
[5] 张水波,何伯森.FIDIC新版合同条件导读与解析.北京:中国建筑工业出版社.2003.
[6] 王建东.建设工程合同法律制度研究.北京:中国法制出版社.2004.
[7] 何佰洲.建设工程合同实务指南.北京:知识产权出版社.2002.
[8] 徐崇禄,任增燕,刘新锋.建设工程合同示范文本应用指南.北京:中国物价出版社.2000.
[9] 成虎.建筑工程合同管理与教育.南京:东南大学出版社.2000.
[10] 李启明,朱树英,黄文杰.工程建设合同与教育管理.北京:科学出版社.2001.
[11] 佘立中.建设工程合同管理[M].第2版.广州:华南理工大学出版社.2005.
[12] 佘立中.建设法律制度及实例精选[M].广州:华南理工大学出版社.2002.
[13] 佘立中.大型工程项目管理的WSR系统模式实证分析[J].土木工程学报.2006,6(第39卷):111-114.
[14] 佘立中.基于复杂性大型集群工程项目质量管理研究[J].重庆建筑大学学报.2006,3(第28卷):107-109,118.
[15] 佘立中.广州大学城项目管理创新机制与制度的研究[J].重

庆建筑大学学报.2005,43(第27卷):84－87.

[16] 佘立中.大型项目建设的"独立第三方综合考评"制度和模型的研究与实践[J].建筑经济.2005,8(总第274期):70－72.

[17] 佘立中等.监理总协调人制度在大型项目管理中的运用与研究[J].建筑经济.2005,4(总第270期):38－41.

[18] 佘立中等.广州大学城建设与管理模式[J].建筑经济.2005,4(总第551期):35－38.

[19] 佘立中.土建类学生工程合同管理能力的培养与探索[J].高等建筑教育.2004,2(总第13卷):59－62.

[20] 佘立中.中外工程施工合同条件的比较研究[J].广州大学学报(社会科学版).2004,3(第3卷):74－77.